サイコロから学ぶ確率論

● 基礎から確率過程入門へ

小林道正 著
Michimasa Kobayashi

Probability Theory
Learned from Dice

裳華房

PROBABILITY THEORY LEARNED FROM DICE

by

Michimasa KOBAYASHI

SHOKABO
TOKYO

JCOPY 〈(社)出版者著作権管理機構 委託出版物〉

は　じ　め　に

　本書は，数学科をはじめ，理工系学科の主として 3, 4 年生向けの「確率論」の入門書として執筆したものである．世に出ている「確率論」の本の中で最もやさしいレベルになっていると思うので，1, 2 年生でも（数学が得意な文科系の学生でも）理解できると思う．そのため，1, 2 年生の「確率統計」や「数理統計」という科目の確率に相当する部分としても十分活用できるであろう．

　定理の証明も，"これ以上にない"くらい，丁寧にやさしく行ったので，講義や他の本でわからないところが出てきたときには，本書をみればわかるのではないかと思う．

　確率論は，偶然現象における多数回の試行が基礎になっており，「偶然現象に現れる規則性を理論としてまとめたもの」であるため，公理系に基づく理論を学習しただけでは真の内容を理解できない．多数回の試行を行って，実験で確かめなければならない．しかし，現在の確率論は公理系に基づいて淡々と話が展開されていることが多いために，それらの定理が「実際にはどういう意味なのか？」と疑問をもつことがあっても，多くの本では，それに応えるような現実的な意味が必ずしも十分に解説されていない．

　そこで本書では，定理の前に偶然現象の解説をし，「厳密な理論と証明」を示した後に，「実際の偶然現象での意味，実験結果との対応を考える問題」を挙げて，理論的な定理の意味を解説した．

　ただ，偶然現象に潜む規則性がみえてくるためには，試行の回数，データの数がかなり多くなくてはならない場合がほとんどで，こうなると，コンピュータのシミュレーションを利用しなければならない．そこで本書では，コンピュータソフトである Mathematica を使ってグラフを描いたり数値計算をしているが，他のソフトでも同じような結果が得られるのは当然である．Mathematica でどのように入力すればよいかは，本書に関する裳華房の Web ページ（https://www.shokabo.co.jp/author/1577/）に載せてあるので，

利用してほしい.

　本書では，本文中で例えば Prog[3-4] などと記し，これは本書の Web ページにある第 3 章の 4 番目のプログラムの入力であることを示したので，そのプログラムをコピーして，Mathematica の入力画面にペーストして実行すれば，本書と似たような結果が得られることになる.（（確率の）シミュレーションは実行する度に異なる結果となるため，各自のパソコンに表示される数値の並びや図が，本書に示した数値の並びや掲載した図とは異なるものになることは，予めご了承いただきたい.）

　なお，Mathematica をおもちでない場合には，Wolfram CDF Player をダウンロードして，本書の Web ページにある入力部分をクリックすることで，Mathematica が実行したプログラムとその結果としてのグラフを，おもちのパソコンでみることができる.

　諸科学で確率を活用するためには，確率の定理の実験的な意味がわかっていなければ難しい.理論を学習しながら実験的な意味を学ぶことは，特に数学科以外の学生諸君には必須のことと思われる（数学科の学生にとっても大切なことではあるが）.

　本書を通じて，確率の理論を学ぶとともに，ぜひ実験的な意味も学んでほしい.すべての読者の方の「目からウロコが落ちる」ことを期待している.

　　2018 年 8 月

　　　　　　　　　　　　　　　　　　　　　　　　　小 林 道 正

Mathematica と Wolfram CDF Player は Wolfram Research, Inc. の登録商標です.

本書の鳥瞰図

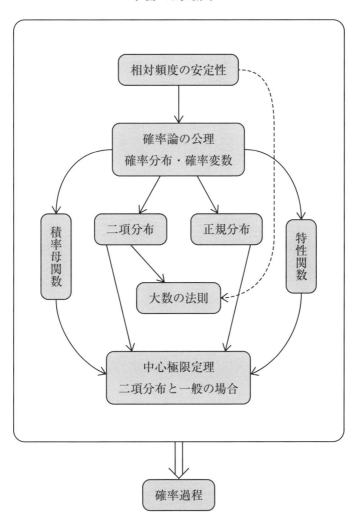

vii

目　　次

第 1 章　確率論の公理

1.1　集合論の基礎の復習 ・・・・・・・・・・・・・・・・・・・2
　1.1.1　集合の部分集合と和 ・・・・・・・・・・・・・・・2
　1.1.2　集合の積（共通部分）・・・・・・・・・・・・・・4
1.2　相対頻度の安定性 ・・・・・・・・・・・・・・・・・・・・7
1.3　相対頻度の安定性から確率論の公理（確率空間）へ・・・・・・9
　1.3.1　確率論の公理 ・・・・・・・・・・・・・・・・・11
　1.3.2　等確率で起こる場合の確率 ・・・・・・・・・・・12
　1.3.3　確率の基本性質 ・・・・・・・・・・・・・・・・12
1.4　確率空間の実例 ・・・・・・・・・・・・・・・・・・・14
　1.4.1　離散型確率空間の例 ・・・・・・・・・・・・・14
　1.4.2　連続型確率空間の例 ・・・・・・・・・・・・・16
1.5　条件付き確率と乗法定理 ・・・・・・・・・・・・・・・20
　1.5.1　条件付き確率の定義 ・・・・・・・・・・・・・22
　1.5.2　乗法定理 ・・・・・・・・・・・・・・・・・・23
　1.5.3　独立性と乗法定理 ・・・・・・・・・・・・・・24
1.6　ベイズの定理 ・・・・・・・・・・・・・・・・・・・・26
　1.6.1　偶然現象の例 ・・・・・・・・・・・・・・・・27
　1.6.2　ベイズの定理 ・・・・・・・・・・・・・・・・29

第 2 章　確率変数とその性質

2.1　確率変数の定義 ・・・・・・・・・・・・・・・・・・・31
　2.1.1　確率変数から実数上の確率空間へ ・・・・・・・35
　2.1.2　離散型確率変数 ・・・・・・・・・・・・・・・35
　2.1.3　連続型確率変数の例 ・・・・・・・・・・・・・35
2.2　結合分布 ・・・・・・・・・・・・・・・・・・・・・・39
　2.2.1　離散型結合分布 ・・・・・・・・・・・・・・・40
　2.2.2　連続型結合分布 ・・・・・・・・・・・・・・・41

viii 目　次

2.3　累積分布関数 ・・・・・・・・・・・・・・・・・・・・・・・・・・・42
　2.3.1　累積分布関数の定義 ・・・・・・・・・・・・・・・・・42
　2.3.2　累積分布関数の基本性質 ・・・・・・・・・・・・・42
　2.3.3　結合分布の累積分布関数 ・・・・・・・・・・・・44
　2.3.4　累積分布関数の例 ・・・・・・・・・・・・・・・・・45

第3章　確率変数の期待値と分散

3.1　確率変数の期待値 ・・・・・・・・・・・・・・・・・・・・・・・・・53
　3.1.1　期待値の線形性 ・・・・・・・・・・・・・・・・・・・・・58
　3.1.2　確率変数の独立性 ・・・・・・・・・・・・・・・・・・・62
3.2　確率変数の分散と標準偏差 ・・・・・・・・・・・・・・・・64
　3.2.1　具体例からの分散の導入 ・・・・・・・・・・・・64
　3.2.2　確率変数の分散と標準偏差の定義 ・・・・66
　3.2.3　分散の性質 ・・・・・・・・・・・・・・・・・・・・・・・・72
3.3　確率変数列の収束 ・・・・・・・・・・・・・・・・・・・・・・・・74
　3.3.1　収束定理 ・・・・・・・・・・・・・・・・・・・・・・・・・・75
　3.3.2　いくつかの収束概念 ・・・・・・・・・・・・・・・・75
　3.3.3　いくつかの収束概念の関係 ・・・・・・・・・・77

第4章　二 項 分 布

4.1　偶然現象から二項分布へ ・・・・・・・・・・・・・・・・・・81
4.2　二項分布の定義 ・・・・・・・・・・・・・・・・・・・・・・・・・・87
4.3　二項分布のグラフ ・・・・・・・・・・・・・・・・・・・・・・・・87
4.4　二項分布の期待値 ・・・・・・・・・・・・・・・・・・・・・・・・88
4.5　二項分布の分散と標準偏差 ・・・・・・・・・・・・・・・・90
4.6　二項分布の具体例 ・・・・・・・・・・・・・・・・・・・・・・・・90

第5章　大 数 の 法 則

5.1　偶然現象の解析から大数の弱法則へ ・・・・・・・・92
　5.1.1　大数の弱法則（二項分布の場合）・・・・・・96

$5.1.2$ 大数の弱法則（一般の分布の場合）$\cdots\cdots\cdots\cdots$ 96

5.2 偶然現象の解析から大数の強法則へ $\cdots\cdots\cdots\cdots$ 98

5.3 大数の強法則の定理 $\cdots\cdots\cdots\cdots\cdots\cdots\cdots$ 101

$5.3.1$ 大数の強法則（二項分布の場合）$\cdots\cdots\cdots\cdots$ 101

$5.3.2$ 大数の強法則（一般の場合）$\cdots\cdots\cdots\cdots\cdots$ 101

5.4 大数の強法則の定理の証明 $\cdots\cdots\cdots\cdots\cdots\cdots$ 102

第6章　中心極限定理

6.1 偶然現象の解析から中心極限定理へ $\cdots\cdots\cdots\cdots\cdots$ 107

6.2 ド・モアブル・ラプラスの中心極限定理 $\cdots\cdots\cdots\cdots$ 110

第7章　積率母関数

7.1 積率母関数の定義 $\cdots\cdots\cdots\cdots\cdots\cdots\cdots\cdots$ 112

7.2 積率母関数の性質 $\cdots\cdots\cdots\cdots\cdots\cdots\cdots\cdots$ 113

7.3 積率母関数の例 $\cdots\cdots\cdots\cdots\cdots\cdots\cdots\cdots$ 115

$7.3.1$ サイコロ投げの例 $\cdots\cdots\cdots\cdots\cdots\cdots\cdots$ 115

$7.3.2$ 二項分布の積率母関数 $\cdots\cdots\cdots\cdots\cdots\cdots$ 116

$7.3.3$ ポアソン分布の積率母関数 $\cdots\cdots\cdots\cdots\cdots$ 117

$7.3.4$ 正規分布の積率母関数 $\cdots\cdots\cdots\cdots\cdots\cdots$ 118

$7.3.5$ 指数分布の積率母関数 $\cdots\cdots\cdots\cdots\cdots\cdots$ 119

第8章　特性関数

8.1 特性関数の定義と基本性質 $\cdots\cdots\cdots\cdots\cdots\cdots$ 122

$8.1.1$ 特性関数の定義 $\cdots\cdots\cdots\cdots\cdots\cdots\cdots$ 122

$8.1.2$ 離散型確率変数の特性関数 $\cdots\cdots\cdots\cdots\cdots$ 122

$8.1.3$ 連続型確率変数の特性関数 $\cdots\cdots\cdots\cdots\cdots$ 127

$8.1.4$ 特性関数の性質 $\cdots\cdots\cdots\cdots\cdots\cdots\cdots$ 132

8.2 一般の中心極限定理とその証明 $\cdots\cdots\cdots\cdots\cdots$ 136

$8.2.1$ 一般の中心極限定理 $\cdots\cdots\cdots\cdots\cdots\cdots$ 136

$8.2.2$ 一般の中心極限定理の証明 $\cdots\cdots\cdots\cdots\cdots$ 136

第9章 確率過程入門

9.1 ランダムウォーク・・・・・・・・・・・・・・・・・・・・・140
  9.1.1 ランダムウォークのサンプルパス・・・・・・・・・・・141
  9.1.2 ランダムウォークの数学的表現・・・・・・・・・・・・143
  9.1.3 ランダムウォークの位置の分布・・・・・・・・・・・・144
  9.1.4 元に戻ってくる確率・・・・・・・・・・・・・・・・148
  9.1.5 「運の良し悪し」を科学する・・・・・・・・・・・・152
  9.1.6 対称ではないランダムウォーク・・・・・・・・・・・155
  9.1.7 再帰確率・・・・・・・・・・・・・・・・・・・・・157
  9.1.8 2次元以上のランダムウォーク・・・・・・・・・・・157
9.2 マルコフ連鎖・・・・・・・・・・・・・・・・・・・・・・158
  9.2.1 初期分布・・・・・・・・・・・・・・・・・・・・・160
  9.2.2 マルコフ連鎖のサンプルパス・・・・・・・・・・・・162
  9.2.3 行列の積との対応・・・・・・・・・・・・・・・・・163
  9.2.4 マルコフ連鎖の状態の分類・・・・・・・・・・・・・166
  9.2.5 マルコフ連鎖の再帰性・・・・・・・・・・・・・・・170
  9.2.6 マルコフ連鎖の周期・・・・・・・・・・・・・・・・171
  9.2.7 極限分布・・・・・・・・・・・・・・・・・・・・・172

付 録

A.1 チェビシェフの不等式・・・・・・・・・・・・・・・・・174
A.2 イェンセンの不等式・・・・・・・・・・・・・・・・・・174
A.3 ボレル-カンテーリの補題・・・・・・・・・・・・・・・175
A.4 スターリングの公式・・・・・・・・・・・・・・・・・・177
A.5 ウォリスの公式・・・・・・・・・・・・・・・・・・・・180
A.6 大数の強法則の定理の初等的証明・・・・・・・・・・・182
A.7 補題の証明・・・・・・・・・・・・・・・・・・・・・・184

演習問題の解答・・・・・・・・・・・・・・・・・・・・・・・189
索 引・・・・・・・・・・・・・・・・・・・・・・・・・・・209

◆ 本章の内容 ◆

確率論は，確率論の公理から出発するが，確率論の公理は集合論を基礎としているので，はじめに集合論の復習からはじめる．

必然的な現象は「必ず起きる現象」であるのに対して，偶然的な現象（以下，偶然現象という）は「デタラメに起きる現象」で，結果が予測できない．しかし，その一見デタラメな現象の中にも，実はいろいろな規則性が隠れていて，それらの規則性を定式化し，その規則性を数学的に記述するのが「確率論」である．

本章では，公理系からすぐに導ける独立と従属，乗法定理，ベイズの定理についても学ぶ．

◆ 確率論の中での本章の位置づけ ◆

現代数学の一部としての確率論は，確率論の公理から出発する．一般に「公理」とは，「証明できない自明の事柄」のことではあるが，現実の現象から説明することは可能なのである．そこで本章では，確率論の公理が偶然現象における規則性からどのように導かれるか，また，乗法定理は確率の計算にはなくてはならない定理であることを解説する．

◆ 本章のゴール ◆

本章のゴールは，「確率論の公理」を知ることである．公理自体は簡単ではあるが，それらが偶然現象のどのような規則性から設定されているのかを理解する必要がある．「公理」は勝手に設定したものではなく，必然性があって設定されていることを知ってほしい．また，独立と従属，乗法定理，ベイズの定理を確率の計算に活かせるようになってほしい．

1.1 集合論の基礎の復習

集合というのは,「一定の条件を満たすものの集まり」のことであり,何ら難しいことではない.例えば,「一郎の文房具」,「次郎の文房具」,「花子の文房具」として

$$「一郎の文房具」= \{ノート,鉛筆,消しゴム,三角定規\}$$

$$「次郎の文房具」= \{ノート,鉛筆,コンパス,セロテープ\}$$

$$「花子の文房具」= \{ノート,鉛筆\}$$

また,数の集まりとして

$$A_1 = \{x \mid 0 < x < 3\}$$

$$A_2 = \{1, 2, 3\}$$

$$A_3 = \{x \mid 0 < x \leq 2\}$$

なども,集合の簡単な例である.ここで,A_1,A_3 の集合にある $\mid$ は,「$\mid$ の前の文字(変数)は $\mid$ の後ろの性質を満たすものの集まり」という意味である.

集合の中に含まれる個々のものを,「集合の**元**」あるいは「集合の**要素**」という.そして,あるものがある集合の要素であることを,記号 $\in$ または $\ni$ で表す.例えば,上の集合の例では,

$$ノート \in 「一郎の文房具」,コンパス \in 「次郎の文房具」,$$

$$「花子の文房具」\ni ノート,「次郎の文房具」\ni コンパス,$$

$$2.8 \in A_1,\ 2 \in A_2,\ A_3 \ni 2$$

などのように表せる.

反対に,ある x がある集合 X に含まれていないこと,つまり,集合の要素でないことは,記号 $\notin$ または $\not\ni$ を用いて $x \notin X$ のように表す.例えば,上の例では,教科書 $\notin$「一郎の文房具」,巻尺 $\notin$「次郎の文房具」,$3 \notin A_1$,$4 \notin A_2$ などのように表せる.

1.1.1 集合の部分集合と和

部 分 集 合

いま,ある大学の陸上チームに男子と女子がいるとする.陸上チームの女子はすべて学生であるというように,集合 B の要素がすべて集合 A の要素

であるとき，「B は A に含まれる」あるいは「B は A の**部分集合**である」といい，記号 $\subset$ または $\supset$ を用いて次のように表す．

$$B \subset A \quad \text{または} \quad A \supset B$$

例えば，先の例では，

「花子の文房具」$\subset$「一郎の文房具」，「花子の文房具」$\subset$「次郎の文房具」，$A_3 \subset A_1$

のように表せる．

また，集合は**ベン図**とよばれる図で表すと便利なことが多く，例えば，$B \subset A$ をベン図で表すと図 1.1 のようになる．

ところで，$B \subset A$ のとき，たまたま A と B が一致してもよいのであるが，「一致してもよい」ことをより明確にするときは，次のように表す．

$$B \subseteq A, \quad A \supseteq B, \quad B \subseteqq A, \quad A \supseteqq B$$

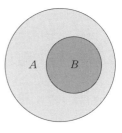

図 1.1

いうまでもなく，$B \subset A$, $B \subseteq A$, $B \subseteqq A$ は，すべて同じ意味である．

なお，例えば $B \subset A$ において，「A と B は等しくはない」ことをより明確にするときは，次のように表すこともある．

$$B \subsetneq A, \quad B \subsetneqq A$$

集合の和

2 つの集合の「和」というのは，両方の集合のすべての要素を集めた集合のことで，これを**和集合**という．

集合 A と集合 B の和集合は記号 $\cup$ を用いて $A \cup B$ と表し，A と B の両方に属している要素があっても構わない．また，$A \cup B$ は，ベン図では図 1.2 のように表せる．

例えば，ある大学の部の中で，卓球部とサッカー部だけが全国大会で優勝したとすると，卓球部 $\cup$ サッカー部 = 全国大会で優勝した部と表せる．また，先の例では，

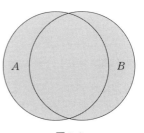

図 1.2

一郎の文房具 ∪ 次郎の文房具
= {ノート, 鉛筆, 消しゴム, 三角定規, コンパス, セロテープ}
$$A_1 \cup A_2 = \{x \mid 0 < x \leq 3\}$$
と表せる.

なお，2つ以上の集合 A_1, A_2, …, A_n の和の場合には，「集合 A_k ($k = 1 \sim n$) のどれかに入っている要素の集まり」として定義され，次のように表す．

$$A_1 \cup A_2 \cup \cdots \cup A_n = \bigcup_{k=1}^{n} A_k$$

1.1.2 集合の積（共通部分）

大学で2つ以上の部に入っている学生がいるのは珍しいことではないが，いま2人の学生が，陸上部 (A) にも演劇部 (B) にも所属していたとすると，この2人はどちらの部にも共通して入っていることになり，これを集合の言葉で表すと次のようになる．

集合 A と集合 B のどちらにも共通に入っている要素を集めた集合のことを A と B の**積集合**（または**共通部分**）といい，記号 $\cap$ を用いて

$$A \cap B$$

のように表す．

例えば先の例では，

一郎の文房具 ∩ 次郎の文房具 = {ノート，鉛筆}
$$A_1 \cap A_2 = \{1, 2\}$$
$$A_2 \cap A_3 = \{1, 2\}$$

のようになる．また，$A \cap B$ をベン図で表すと図 1.3 のようになる．

なお，2つ以上の集合 A_1, A_2, …, A_n の積集合は，「すべての集合 A_k ($k = 1 \sim n$) に入っている要素の集まり」として定義され，次のように表す．

$$A_1 \cap A_2 \cap \cdots \cap A_n = \bigcap_{k=1}^{n} A_k$$

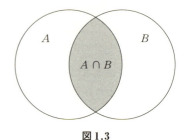

図 1.3

全体集合と空集合

いま考えているすべての要素を含んだ集合を**全体集合**とよぶ．また，どの要素も含まない集合を**空集合**といい，∅で表す．

集合の差

例えば，「陸上部に入っている学生の数から，サッカー部にも入っている学生の数を除くと，54 名になる」といったように，ある集合から別の集合にも入っている要素を除くのが，**集合の差**である．

一般に，集合の差とは，集合 A から集合 B に入っている要素を除いた集合のことで，$A - B$ や $A \setminus B$ のように表し，ベン図で示すと図 1.4 のようになる．

特に，A が全体集合（すべての要素を集めた集合）のときには，$A - B$ は B^c（C は complement の略）または $\overline{B}$ と表して，B の**補集合**という．これは，全体集合から B を除いた集合のことであり，「B でない集合」，「B を否定した集合」ということになる．

A が全体集合のときには，B の補集合 B^c をベン図で表すと図 1.5 のようになる．

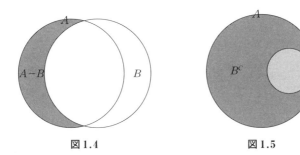

図 1.4　　　　　図 1.5

ド・モルガンの法則

一郎君が「あのタレントは，秋田生まれで，20 代である」といったことに対して，次郎君が「君のいうことは間違っているよ」といえるのは，次郎君が，そのタレントが「秋田生まれでないか，または 20 代でない」と確証をもっている場合である．

つまり，「A かつ B を否定する」と，「A でない」か「B でない」を意味

6　　　　第1章　確率論の公理

することになり，このことを集合の記号を使って表すと次のようになる．

$$\overline{A \cap B} = \overline{A} \cup \overline{B} \tag{1.1}$$

　次に，一郎君が「あのタレントは，秋田生まれか，青森生まれだったよ」といったのに対して，次郎君が「君のいうことは間違っているよ」といえるのは，そのタレントが「秋田生まれでもないし，青森生まれでもない」と，次郎君が確証をもっている場合である．

　つまり，「A または B」を否定すると，「A でもない」し「B でもない」ということを意味し，このことを集合の記号を使って表すと次のようになる．

$$\overline{A \cup B} = \overline{A} \cap \overline{B} \tag{1.2}$$

　この (1.1) と (1.2) の2つの法則を，2つの集合 A，B に関する**ド・モルガンの法則**という．

　(1.1) の意味は，「A と B のどちらにも入っている」を否定すると，「A に入っていないか，B に入っていないかのどちらかである」ということである．

　これは例えば，「私の身長は 165 cm 以上で，しかも体重は 60 kg 以上ある」を否定すると，「身長が 165 cm 以上ないか，体重が 60 kg 以上ないか，のどちらかである」ことを意味することになる．

　そして，(1.2) の意味は，「A か B のどちらかに入っている」を否定すると，「A にも B にも，どちらにも入っていない」ということである．

　これは例えば，「私は電車かバスで行く」を否定すると，「私は電車もバスも利用しないで行く」ことを意味することになる．

　これらの論理は，改めて表現すると難しくみえたりするが，ごく普通に日常生活で使っていることが多いものである．

　問題 1.1　全体集合 $\Omega = \{x \mid 0 < x < 10\}$ において，集合 A と B が次のように定まっているとする．

$$A = \{x \mid 0 < x < 5\}, \qquad B = \{x \mid 4 < x < 8\}$$

　このとき，次の集合を求めよ．

$$A \cap B, \qquad A \cup B, \qquad A - B, \qquad B - A, \qquad A^c$$

　問題 1.2　全体集合 $\Omega = \{⚀, ⚁, ⚂, ⚃, ⚄, ⚅\}$ において，集合 A と B が

次のように定まっているとする．
$$A = \{⚀, ⚁, ⚂, ⚃\}, \quad B = \{⚂, ⚃, ⚅\}$$
このとき，次の集合を求めよ．
$$A \cap B, \quad A \cup B, \quad A - B, \quad B - A, \quad A^c, \quad B^c$$

1.2 相対頻度の安定性

「りんごが木から落ちる」というのは，冬になる前に必ず起きることで，「必然的な現象」である．地球上のすべてのものは地球の引力で引っ張られるという，自然科学の法則に由来している事実である．

これに対して，コインを机の上に投げたときは，表が出たり裏が出たりいろいろである．表と裏のどちらが出るかはデタラメで，予測は困難である．このような現象を**偶然現象**という．

表と裏の出方には規則性がないようにみえるが，このようなデタラメに起きる偶然現象にも，実は一定の規則性が認められるのである．それは例えば，コインを投げる実験を多数回行い，投げたときに「表が出る」という事象の**相対頻度**（表の出る相対頻度とは，表の出た回数を投げた回数で割った値である）の変化を，次の手順で分析すると規則性がみえてくるのである．

はじめに，10 人がそれぞれにコインを 10 回投げたときの「表が出る相対頻度」を図 1.6 に示す．横軸が 10 人それぞれの番号を表し，縦軸の値はそれぞれの人の「表が出た相対頻度」を表している．(注)　　Prog[1-1]

（注）本書の Web サイトにある Prog[1-1] を Mathematica に入力すれば，図

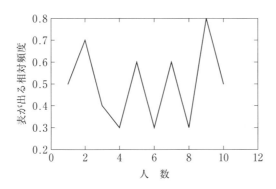

図 1.6

1.6 と似たようなグラフが得られる（以下，同様）．なお，「はじめに」のところで記したように，Mathematica をおもちでない場合にも，Wolfram CDF Player をダウンロードし，本書の Web サイトにある入力部分をクリックすることで，Mathematica が実行したプログラムとその結果としての数値やグラフを，おもちのパソコンでみることができる．

ただし，シミュレーションは偶然現象なので，人によって，また投げる度に異なるグラフになるため，示しているグラフはあくまでも一例である．

図 1.6 をみると，10 人の「表が出る相対頻度」には結構違いがあり，偶然現象における「デタラメさ」が優先して現れていて，規則性はみえてこない．

そこで，コインを投げる回数を増やして，100 回投げた結果を同じようにグラフで示してみると，10 人の違いがだいぶ少なくなってくることがわかる（図 1.7）．

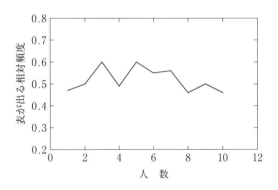

図 1.7

投げる回数をさらに増やして，1000 回（図 1.8），10000 回（図 1.9）にした結果を，同じようにグラフで示しておく．

グラフをみると，一人一人が投げる回数を増やしていくと，「表が出る相対頻度」は，あまり違わなくなってくることがわかる．これが，「偶然現象にみられる規則性」なのである．そして多数回投げると，表が出る相対頻度は，10 人とも 0.5 としてよさそうであることがわかる．

このように，表が出る相対頻度が安定していく値のことを，「表が出る確率」というのである．そして，相対頻度の安定した値として定められる**確率**の満たすべき性質をまとめたのが，**確率論の公理**となっているのである．

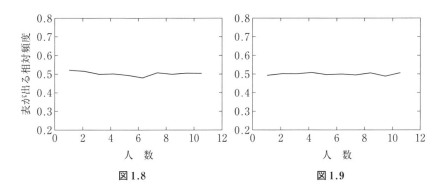

図 1.8　　　　　　　　　図 1.9

1.3　相対頻度の安定性から確率論の公理（確率空間）へ

集合と事象

1.1 節で解説したように**集合**というのは，性質がはっきりと表せる「モノの集まり」または「数学的な概念の集まり」のことであるが，確率を考える対象も集合といえるので，集合の考え方がそのまま確率の場合にも使えることになる．

確率論では，「集合」に相当することを**事象**といい，集合も事象も全く同じ意味である．また，集合にはいろいろな概念や用語があるが，確率における事象の場合，用語が少し違っていることもある．

一般に，2 つの集合 A, B に対して，A, B どちらかの集合に属している要素を集めた「和集合」があったが，確率論では 2 つの事象 A, B に対して，「どちらかの事象が起きる事象」のことを**和事象**という．記号は同じで，$A \cup B$ と表す．

また，一般に，2 つの集合 A, B に対して，A, B の両方に属している要素を集めた「積集合」があったが，確率論では 2 つの事象 A, B に対して，どちらの事象も起きる事象のことを**積事象**という．記号は同じで，$A \cap B$ と表す．

そして，全体集合から A の要素を除いた集合として「補集合」があったが，確率論では，全体事象から事象 A が起きる事象を除いた事象のことを**余事象**という．記号は同じで，A^c と表す．

さらに，何の要素も含まない集合として「空集合」があったが，確率論の

場合は，何の事象も含まない事象のことを**空事象**という．記号は同じで，∅で表す．

以上のことを整理すると，次の表のようになる．

記号	集合論における用語	確率論における用語
A	集合	事象
$A \cup B$	和集合	和事象（どちらかが起きる）
$A \cap B$	積集合	積事象（同時に起きる）
A^c	補集合	余事象（起きないこと）
∅	空集合	空事象

これで準備ができたので，偶然現象における相対頻度の安定性を表す「確率」の満たすべき性質を公理としてまとめてみよう．

確率論の公理は1933年に，ソ連の数学者であるコルモゴロフが唱えたものが最初であるが，今日も確率論の公理としての役割を果たしている．公理は，次項で述べるように単純なものである．コルモゴロフは，はじめに，「確率が考えられる事象 A の集合としての**完全加法族（σ加法族ともいう）**」というものを公理として挙げている．

完全加法族の公理

Ω を，空でない集合（集合の各要素を ω としたときのすべての集まり）とする．Ω の部分集合の集まりである $\mathcal{F}$ が完全加法族であるとは，次の性質を満たすときである．ここで $\mathcal{F}$ は，「確率が考えられるような事象の集まり」という意味であり，$A \in \mathcal{F}$ というのは，A の確率が考えられるということを意味する．

1. $\Omega \in \mathcal{F}$

    これは，「全体事象の確率は考えられる」ことを意味している．

2. $A \in \mathcal{F}$ ならば，$A^c \in \mathcal{F}$

    これは，「A の確率が考えられるならば，余事象 A^c の確率も考えられる」ことを意味している．

3. $A_k \in \mathcal{F}$ $(k = 1, 2, 3, \cdots)$ ならば，

$$A_1 \cup A_2 \cup \cdots = \bigcup_{k=1}^{\infty} A_k \in \mathcal{F}$$

（$\bigcup\limits_{k=1}^{\infty} A_k$ は，どれかの A_k（$k = 1, 2, \cdots$）に入っている要素の集まり）

これは，A_k（$k = 1, 2, 3, \cdots$）の確率が考えられるならば，それぞれの確率を足し合わせた $\bigcup\limits_{k=1}^{\infty} A_k$ の確率も考えられることを意味している．

3′．有限の場合に限定した公理 $A_1 \cup A_2 \cup \cdots \cup A_n = \bigcup\limits_{k=1}^{n} A_k \in \mathcal{F}$ を考えるときには，**有限加法族**の公理ということになり，完全加法族が成り立てば有限加法族も成り立つのは当然のことである．

1.3.1 確率論の公理

完全加法族の公理をもとにすると，確率論の公理は次のようになる．なお，$P(A)$ は事象 A の確率を表すものとする．また，公理で定まる $\Omega, \mathcal{F}, P$ の 3 つの組み合わせ $(\Omega, \mathcal{F}, P)$ を**確率空間**とよび，ω とその確率 $P(\omega)$ を組にして，**確率分布**ということもある．

1．任意の $A \in \mathcal{F}$ に対して，実数値として $P(A) \geq 0$ が定まる．

確率は相対頻度の安定していく（0 以上 1 以下の）値であるから，$P(A) \geq 0$ は当然である．

2．$P(\Omega) = 1$

全体事象は常に何かが起きているので，その相対頻度は 1 であり，$P(\Omega) = 1$ となる．

3．A_k（$k = 1, 2, 3, \cdots$）が互いに素，すなわち共通部分をもたない（$A_k \cap A_n = \emptyset$（$k \neq n$））とき，次が成り立つ．

$$P\left(\bigcup_{k=1}^{\infty} A_k\right) = \sum_{k=1}^{\infty} P(A_k)$$

「同時には起きない事象が起きる相対頻度は，それぞれの事象が起きる相対頻度の和である」から，相対頻度が安定していく値としての確率でも同様に成り立つ．相対頻度の安定性を公理系から導いたのが，第 5 章の大数の法則である．

確率の値は「相対頻度の安定していく値」であるが，実際には何回ぐらいの試行をすればよいのであろうか．実は，相対頻度の安定していく値をあま

り細かく調べても意味はなく，せいぜい小数第2位の数値で十分である．

多数回の相対頻度を求めていったとき，小数第2位で動かなくなったら，その値を確率の値とすればよい．この点をはっきりと書いた本はあまりないが，確率の値を小数第3位まで求めても，現実にはあまり役立たないのが一般的である．

1.3.2　等確率で起こる場合の確率

ところで，コイン投げやサイコロ投げのように，2つあるいは6つの事象の現れ方がすべて等しい相対頻度に落ち着く場合がある．この場合には，全体の確率は常に1であるから，コイン投げの場合なら表か裏が出る確率は $\frac{1}{2}$ とし，サイコロ投げの場合にはどの目が出る確率も $\frac{1}{6}$ とすればよい．

例えばサイコロ投げの場合には，試行の回数を増やしていくと，どの数値に対する相対頻度も，次第に 0.16 に近づいて行くことがわかる．このことから，サイコロ投げでは全体の確率1を6等分して，それぞれの値になる確率（相対頻度が安定していく値）は $\frac{1}{6}$ とするのが妥当といえる．

一般には，n 通りの出方がある場合に，相対頻度の分析から「すべての出方が等しい相対頻度で起きる」と考えられるときには，それぞれの確率は $\frac{1}{n}$ としてよい．

なお，このことは，**等確率**という特殊な場合であることを忘れてはならない．高等学校の教科書などで，確率というとこのような特殊な場合だけを定義して，

$$P(A) = \frac{A \text{ が起きる場合の数}}{\text{すべての場合の数}}$$

のように表しているものもあるが，この定義は，等確率でない場合には使えないので注意してほしい．

1.3.3　確率の基本性質

確率論の公理から，次の式が成り立つ．

$$P(A \cup B) = P(A) + P(B) - P(A \cap B) \tag{1.3}$$

これは図 1.10 のベン図をみればわかるように，A の確率と B の確率を足

1.3 相対頻度の安定性から確率論の公理（確率空間）へ

してダブったところ（灰色の部分）を引く（除く）と，$A \cup B$ の確率に等しくなることを表している．

また，(1.3) で $P(A \cap B) \geq 0$ であるから，次の不等式

$$P(A \cup B) \leq P(A) + P(B)$$

が成り立ち，無限に足し合わせた可算無限個（自然数を使って無限に番号が付けられるような個数という意味）でも同じように，

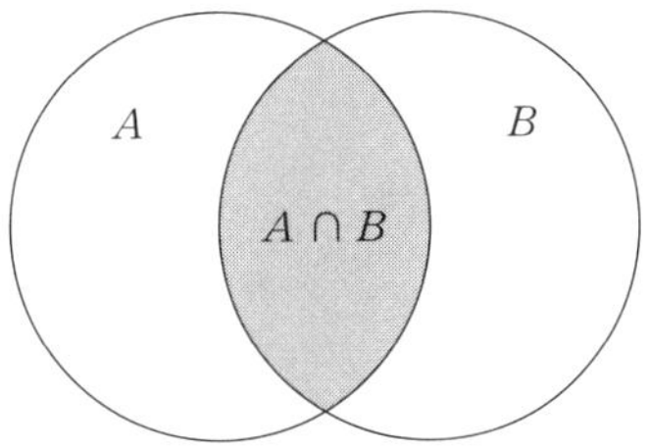

$$P\left(\bigcup_{k=1}^{\infty} A_k\right) \leq \sum_{k=1}^{\infty} P(A_k)$$

図 1.10

が成り立つ．なお，この不等式のことを，**確率の劣加法性**ということもある．

確率の連続性

事象 A_k が単調増大列（$A_1 \subset A_2 \subset \cdots$ のような事象の列（極限を $\lim_{n \to \infty} A_n$ と表す））または単調減少列（$A_1 \supset A_2 \supset \cdots$ のような事象の列（極限を $\lim_{n \to \infty} A_n$ と表す））のとき，次の性質が成り立つ．

$$P\left(\lim_{n \to \infty} A_n\right) = \lim_{n \to \infty} P(A_n) \tag{1.4}$$

この性質を，**確率の連続性**という．

[証明] A_n が単調増大列であるとする（$A_1 \subset A_2 \subset \cdots$）．$\lim_{n \to \infty} A_n$ を互いに共通部分がない事象の和に分解するため，B_k を次のように定める．

$$B_1 = A_1, \quad B_2 = A_2 - A_1, \quad \cdots,$$
$$B_n = A_n - A_{n-1}, \quad \cdots$$

このとき，すべての B_k ($k = 1, 2, \cdots, n, \cdots$) は事象なので

$$B_k \in \mathcal{F} \,(\text{完全加法族の要素})$$

であり，互いに共通部分をもたないことになる（$B_i \cap B_j = \emptyset \,(i \neq j)$）．

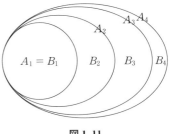

図 1.11

また，図 1.11 からわかるように，$\bigcup_{i=1}^{\infty} A_i = \bigcup_{i=1}^{\infty} B_i$ となるので，

$$P\left(\lim_{n \to \infty} A_n\right) = P\left(\bigcup_{n=1}^{\infty} A_n\right) = P\left(\bigcup_{n=1}^{\infty} B_n\right) = \sum_{n=1}^{\infty} P(B_n) = \lim_{n \to \infty} P(A_n)$$

となり，(1.4) が示せた．A_n が減少列の場合の証明は読者にお任せしよう． 　終

余事象の確率

事象 A の「余事象」とは，集合論でいうところの補集合，すなわち事象 $\Omega - A$ のことで，A^c と表すのであった．したがって，$A + A^c = \Omega$ と $P(\Omega) = 1$ より $P(A) + P(A^c) = P(\Omega) = 1$ であるから，余事象の確率については次のようになる．

$$P(A^c) = 1 - P(A)$$

問題 1.3 　次の問いに答えよ．

（1）　$P(A) = 0.6$, $P(B) = 0.8$ のとき，$P(A^c)$ と $P(B^c)$ を求めよ．

（2）　$P(A) = 0.6$, $P(B) = 0.8$, $P(A \cap B) = 0.5$ のとき，$P(A \cup B)$ を求めよ．

（3）　$P(A) = 0.6$, $P(B) = 0.8$, $P(A \cup B) = 0.95$ のとき，$P(A \cap B)$ を求めよ．

問題 1.4 　次の問いに答えよ．

（1）　$P(A \cup B \cup C)$ を，$P(A)$, $P(B)$, $P(C)$, $P(A \cap B)$, $P(B \cap C)$, $P(C \cap A)$, $P(A \cap B \cap C)$ を用いて表せ．

（2）　$P(A \cap B \cap C)$ を，$P(A)$, $P(B)$, $P(C)$, $P(A \cap B)$, $P(B \cap C)$, $P(C \cap A)$, $P(A \cup B \cup C)$ を用いて表せ．

1.4 　確率空間の実例

本書では，確率空間のタイプとして，**離散型**と**連続型**の 2 つのタイプに限定して話を進める．実は，この 2 つは 1 つにまとめることができ，そのためには，数学の一分野である**測度論**という理論の準備が必要なのであるが，本書では測度論の知識を前提にしないので，分けて解説する．

1.4.1 　離散型確率空間の例

確率空間 $(\Omega, \mathcal{F}, P)$ が「離散型」であるとは，全体集合 Ω が連続ではなく，有限個または可算無限個の要素からできている場合である．

1.4 確率空間の実例 15

コイン投げの確率空間

例えば，全体集合 Ω が，コインの表（ω_1 と表す）か裏（ω_2 と表す）かの 2 つの要素しかない場合の確率空間は右のように表せる．

	表	裏
確率	$\frac{1}{2}$	$\frac{1}{2}$

コイン投げの場合，「確率が考えられる事象を集めた加法族」は

$$\mathcal{F} = \{\omega_1, \ \omega_2, \ \Omega = \{\omega_1, \omega_2\}, \ \emptyset\}$$

であり，有限加法族となることは明らかである．

また，$A_1 = \omega_1$，$A_2 = \omega_2$ とおくと，これらは互いに素，すなわち共通部分をもたないので $A_1 \cap A_2 = \emptyset$ であり，

$$P\left(\bigcup_{k=1}^{2} A_k\right) = \sum_{k=1}^{2} P(A_k)$$

となる．1.3.1 項の最初に挙げた確率論の公理の 3 が成り立っていることもわかる．

サイコロ投げの確率空間

サイコロ投げのように，Ω が 6 個の要素からなる場合の確率空間は右のように表せる．

	⚀	⚁	⚂	⚃	⚄	⚅
確率	$\frac{1}{6}$	$\frac{1}{6}$	$\frac{1}{6}$	$\frac{1}{6}$	$\frac{1}{6}$	$\frac{1}{6}$

全体集合 Ω は $\Omega = \{$⚀, ⚁, ⚂, ⚃, ⚄, ⚅$\}$ であり，加法族 $\mathcal{F}$ としては，Ω のすべての部分集合をとればよい．

ポアソン確率空間

上の例は要素の数が有限個の場合であったが，可算無限個になっても同じである．可算無限個の例として，**ポアソン確率空間（ポアソン分布）** を示しておこう．

それは例えば，ある都市の一日に起きる火災件数や交通事故による死亡者数のように，めったに起きないことが起きる件数を表す確率である．

$\Omega = \{0, 1, 2, 3, 4, \cdots\}$ とすると，ポアソン分布では，値が n となる確率が

$$P(n) = e^{-m} \frac{m^n}{n!} \tag{1.5}$$

で表される（e はネイピアの数で $e = 2.71828\cdots$，m はパラメータで，後で平均値であることがわかる）ことが知られていて，例えば $m = 3$ のときは次のような確率空間になる（値は，小数第 3 位を四捨五入してある）．

	0	1	2	3	$\cdots$	n	$\cdots$
確率	0.05	0.15	0.22	0.22	$\cdots$	$e^{-m}\dfrac{m^n}{n!}$	$\cdots$

当然のことながら，確率のすべての和は必ず 1 となるので

$$\sum_{k=0}^{\infty} e^{-m}\frac{m^k}{k!} = 1$$

となっているはずである．

その他の例

次の例は，現実にはないかもしれないが，自然数 n に対して確率 $P(n)$ $= \dfrac{1}{2^n}$ と定めれば $\sum_{k=1}^{\infty}\dfrac{1}{2^k} = 1$ となるので，確率空間になる．

ω	1	2	3	4	$\cdots$	n	$\cdots$
確率 $P(\omega)$	$\dfrac{1}{2}$	$\dfrac{1}{4}$	$\dfrac{1}{8}$	$\dfrac{1}{16}$	$\cdots$	$\dfrac{1}{2^n}$	$\cdots$

1.4.2 連続型確率空間の例

完全加法族（σ 加法族）に関連して，次の定義をしておく．

$\mathcal{A}$ を Ω の部分集合族（集合の集まり）とすると，$\mathcal{A}$ を含む最小の完全加法族がただ一つ存在し（証明は省略する），これを「$\mathcal{A}$ から生成される完全加法族」とよび，$\sigma(\mathcal{A})$ と表す．特に，実数の上で次の集合族が大切である．

全体事象 Ω を，1 次元ユークリッド空間 $\mathbb{R}$（実数の空間）とし，$\mathcal{A}$ を Ω の開集合 (a, b) の全体とする（開集合とは，区間の両端を含まないような集合である）．このとき，$\mathcal{A}$ から生成される最小の完全加法族（σ 加法族）を **1 次元ボレル集合体**とよび，$\boldsymbol{B}_1$ と表す．

同様に，全体集合 Ω を 2 次元ユークリッド空間 $\mathbb{R}^2$ とし，$\mathcal{A}$ を Ω の開集合の全体とするとき，$\mathcal{A}$ から生成される最小の σ 加法族を **2 次元ボレル集合体**とよび，$\boldsymbol{B}_2$ と表す．そして，$\boldsymbol{B}_2$ に属する集合を **2 次元ボレル集合**とよぶ．

ここで，開集合の無限個の組合せで表せる $[a, b]$ や，$[a, \infty)$，$(\infty, b]$ などは $\boldsymbol{B}_1$ に含まれている．開集合の可算無限個の和集合や積集合など，考え

られるほとんどの集合は $\boldsymbol{B}_1$ に含まれている．

確率空間 $(\Omega, \mathcal{F}, P)$ が「連続型」であるとは，$\Omega = \mathbb{R}$（実数），$\mathcal{F} = \boldsymbol{B}_1$（1次元ボレル集合体）のとき，**確率密度関数**とよばれる関数 $f(x)$ が存在して，$A \in \boldsymbol{B}_1$ 上での確率 $P(A)$ が，

$$P(A) = \int_A f(x)\, dx \tag{1.6}$$

のように定まる場合である．なお，$P(A)$ が確率の条件を満たすためには，

$$\int_{-\infty}^{\infty} f(x)\, dx = 1 \tag{1.7}$$

であることが必要である．

正規分布の確率空間

正規分布の確率空間とは，確率密度関数が

$$f(x) = \frac{1}{\sqrt{2\pi v}}\, e^{-\frac{(x-m)^2}{2v}} = \frac{1}{\sqrt{2\pi}\,\sigma}\, e^{-\frac{(x-m)^2}{2\sigma^2}} \tag{1.8}$$

のように与えられるものである．ここで，m は**平均**，v は**分散**，σ は**標準偏差**とよばれるパラメータであり，平均，分散，標準偏差の意味については高等学校の数学で学んでいると思うが，第3章で改めて述べる．

このとき，$A \in \boldsymbol{B}_1$ の確率は次のように表せる．

$$P(A) = \int_A f(x)\, dx = \frac{1}{\sqrt{2\pi v}} \int_A e^{-\frac{(x-m)^2}{2v}}\, dx = \frac{1}{\sqrt{2\pi}\,\sigma} \int_A e^{-\frac{(x-m)^2}{2\sigma^2}}\, dx$$

例えば，平均 $m = 50$，標準偏差 $\sigma = 10$ の場合，確率密度関数 $f(x)$ のグラフは図 1.12 のようになる． Prog[1-2]

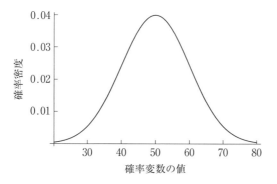

図 1.12

このグラフにおいて，例えば区間 [45, 65] の確率は，図 1.13 の灰色の部分の面積 0.424655 である． Prog[1-3]

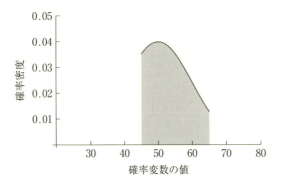

図 1.13

この 2 つのグラフを同時に表すと図 1.14 のようになる． Prog[1-4]

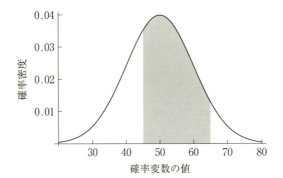

図 1.14

なお，(1.8) が確率密度関数となるためには，全確率が 1 になっていなければならないので，次の式が成り立つことが必要である．

$$\int_{-\infty}^{\infty} f(x)\,dx = \int_{-\infty}^{\infty} \frac{1}{\sqrt{2\pi v}}\, e^{-\frac{(x-m)^2}{2v}}\,dx = 1$$

そこで，この式が成り立つことを計算で確かめておこう．

はじめに，**ガウス積分**とよばれる次の式を示す．

$$I = \int_{-\infty}^{\infty} e^{-ax^2}\,dx = \sqrt{\frac{\pi}{a}} \quad (a > 0) \tag{1.9}$$

正規分布で使うときには，$a = \dfrac{1}{2v}$ とすればよい．

1.4 確率空間の実例

まず,直交座標系の積分を,極座標系の積分に変換する.直交座標系と極座標系は,図 1.15 の半径 r の円によって次の式で結ばれている.

$$x = r\cos\theta, \qquad y = r\sin\theta \quad (1.10)$$

なお,(1.10)は,$-\infty < x < \infty$,$-\infty < y < \infty$ にともなって,$0 \leqq r < \infty$,$0 \leqq \theta < 2\pi$ と動く.

積分を,(x, y) から (r, θ) へ置換積分するときの係数は**ヤコビアン**とよばれ,

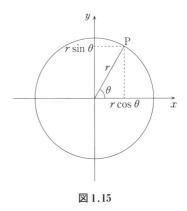

図 1.15

$$\frac{\partial(x, y)}{\partial(r, \theta)} = \begin{vmatrix} \dfrac{\partial x}{\partial r} & \dfrac{\partial x}{\partial \theta} \\ \dfrac{\partial y}{\partial r} & \dfrac{\partial y}{\partial \theta} \end{vmatrix} = \begin{vmatrix} \cos\theta & -r\sin\theta \\ \sin\theta & r\cos\theta \end{vmatrix} = r(\cos^2\theta + \sin^2\theta) = r$$

となり,$dx\,dy = r\,dr\,d\theta$ が得られる.

極座標系が使えるようにするため,ガウス積分の 2 乗 I^2 を求めると,

$$\begin{aligned} I^2 &= \int_{-\infty}^{\infty} e^{-ax^2}\,dx \times \int_{-\infty}^{\infty} e^{-ay^2}\,dy = \int_{-\infty}^{\infty}\int_{-\infty}^{\infty} e^{-ax^2-ay^2}\,dx\,dy \\ &= \int_0^{\infty}\int_0^{2\pi} e^{-ar^2}\,r\,d\theta\,dr = \int_0^{\infty}\int_0^{2\pi} e^{-ar^2} r\bigl[\theta\bigr]_0^{2\pi}\,dr \\ &= 2\pi\int_0^{\infty} e^{-ar^2}\,r\,dr = 2\pi\left[\frac{e^{-ar^2}}{-2a}\right]_0^{\infty} \\ &= \frac{\pi}{a} \end{aligned}$$

となる.最後の積分では,

$$\left(\frac{e^{-ar^2}}{-2a}\right)' = \left(\frac{1}{-2a}\right)e^{-ar^2}(-2ar) = re^{-ar^2}$$

を使った.

したがって,I^2 の平方根をとって,

$$I = \int_{-\infty}^{\infty} e^{-ax^2}dx = \sqrt{\frac{\pi}{a}}$$

20 　第1章　確率論の公理

のように(1.9)が得られる．なお，$a = \dfrac{1}{2v}$ とおくと次のようになる．

$$\int_{-\infty}^{\infty} \frac{1}{\sqrt{2\pi v}}\, e^{-\frac{x^2}{2v}}\, dx = 1$$

よって，$x \to x-m$ と置換すると，「全確率が1」であることが確かめられた．

問題1.5　正四面体の各面に，1，2，3，4の4つの数字が書いてある．極めて多数回の試行の結果，どの面が下になるかの相対頻度はほぼ同じになることがわかっている．この場合の確率空間を表で表せ．

問題1.6　確率密度関数が次のような連続型確率空間がある．

$$f(x) = \begin{cases} 0 & (x < -1) \\ -\dfrac{3}{4}x^2 + \dfrac{3}{4} & (-1 \leq x \leq 1) \\ 0 & (1 < x) \end{cases}$$

このとき，次の問いに答えよ．

（1）　上の確率密度関数のグラフを図示せよ．

（2）　確率 $P([-1,0])$，$P([0,1])$，$P([-1,1])$ を求めよ．

（3）　確率 $P([0,0.2])$，$P([0.2,0.5])$ を求めよ．

1.5　条件付き確率と乗法定理

次のような偶然現象の例を考えてみよう．

非復元抽出

黒玉が4個，白玉が6個入った袋から2回続けて玉を取り出すとき，1回目に取り出した玉を元に戻さないで2回目を取り出す．これを，**非復元抽出**という．

この実験を 100 回繰り返して，

・1回目に黒玉が取り出されたという条件のもとで，2回目に白玉が取り出される，相対頻度（1回目黒の中での）a

・1回目に黒玉，2回目に白玉が取り出される相対頻度 b

・1回目に黒玉が取り出される相対頻度 c と，商 $\dfrac{b}{c}$

を求めてみる．

また，この実験を 1000 回，10000 回，100000 回繰り返して，商 100 回のときと同様に，$a, b, \dfrac{b}{c}$ を求めてみる．そして，以上の結果を表にし，そこ

からわかることをまとめてみよう.

偶然現象の例の解析

〈試行実験〉

扱いやすいように，黒玉を 1，白玉を 0 で表すと，はじめの袋の状態 A は次のように表される（並び順は無視してよい）.

$$A : 1,\ 1,\ 1,\ 1,\ 0,\ 0,\ 0,\ 0,\ 0,\ 0$$

はじめに取り出したのが 1 のとき，袋の状態は

$$B : 1,\ 1,\ 1,\ 0,\ 0,\ 0,\ 0,\ 0,\ 0$$

はじめに取り出したのが 0 のとき，袋の状態は

$$C : 1,\ 1,\ 1,\ 1,\ 0,\ 0,\ 0,\ 0,\ 0$$

のように変化する. A の状態から玉を取り出し，1 回目に取り出した玉が 1 であったら，2 回目は B の状態から玉を取り出し，1 回目に取り出した玉が 0 であったら，2 回目は C の状態から玉を取り出すとする. Prog[1-5]

これを 100 回繰り返したときの $\left\{a,\ b,\ c,\ \dfrac{b}{c}\right\}$ を求めてみると，例えば次のようになる.

$$\{0.590909,\ 0.26,\ 0.44,\ 0.590909\}$$

この試行実験において，取り出す回数をさらに増やし，$n = 1000$，10000，100000 回のときの $\left\{a,\ b,\ c,\ \dfrac{b}{c}\right\}$ を求めてみると，例えば次のようになる.

$n = 1000$ 回のとき：$\{0.69898,\ 0.274,\ 0.392,\ 0.69898\}$

$n = 10000$ 回のとき：$\{0.666183,\ 0.2754,\ 0.4134,\ 0.666183\}$

$n = 100000$ 回のとき：$\{0.665745,\ 0.26719,\ 0.40134,\ 0.665745\}$

〈データの整理と評価〉

試行実験の結果を表にすると次のようになる.

試行の回数	a	b	c	$\dfrac{b}{c}$
100	0.590909	0.26	0.44	0.590909
1000	0.69898	0.274	0.392	0.69898
10000	0.666183	0.2754	0.4134	0.666183
100000	0.665745	0.26719	0.40134	0.665745

a の「1 回目に黒玉が取り出されたという条件のもとで，2 回目に白玉が

取り出される相対頻度」を $P_1(0)$ と表すと，玉を取り出す回数が多くなるにつれて，

$$P_1(0) = \frac{6}{9} = \frac{2}{3} = 0.6666\cdots$$

に近づいていくことがわかる．また，c の「1 回目に黒玉が取り出される相対頻度」は，黒玉が取り出される確率，

$$P(0) = \frac{4}{10} = 0.4$$

に近づいていくことがわかる．

以上より，取り出した回数に関係なく $a = \dfrac{b}{c}$ が成り立っている．これは

$a = 1$ 回目に黒という条件のもとで，2 回目に白の相対頻度

$$= \frac{1 \text{回目に黒，2 回目に白の回数}}{1 \text{回目に黒の回数}}$$

$$\frac{b}{c} = \frac{1 \text{回目に黒，2 回目に白の相対頻度}}{1 \text{回目に黒の相対頻度}}$$

$$= \frac{\dfrac{1 \text{回目に黒，2 回目に白の回数}}{\text{取り出した回数}}}{\dfrac{1 \text{回目に黒の回数}}{\text{取り出した回数}}}$$

のように，a の分母と分子を「取り出した回数 n」で割ったのが $\dfrac{b}{c}$ だからである．

次に，条件付き確率と乗法定理を，上の偶然現象の解析を元にして，公理系から定めてみよう．

1.5.1 条件付き確率の定義

1 回の試行で，ある事象 A が起きたという条件のもとで，次の試行で事象 B が起きる確率，すなわち「事象 A のもとで B の起きる確率」を**条件付き確率**といい，次のように定義する．

$$P_A(B) = \frac{P(A \cap B)}{P(A)} \tag{1.11}$$

ここでの例でいえば，$a = \dfrac{b}{c}$ すなわち

$$P_{1\,\text{回目が黒}}(2\,\text{回目が白}) = \frac{P(1\,\text{回目が黒} \cap 2\,\text{回目が白})}{P(1\,\text{回目が黒})}$$

から，上の条件付き確率の定義の正当性が示されたことになる．

1.5.2 乗法定理

乗法定理は，条件付き確率の定義式 (1.11) の両辺に $P(A)$ を掛けた

$$P(A \cap B) = P(A)P_A(B) \tag{1.12}$$

だけで得られるので，「定理」とよぶほどのこともないのだが，現実の計算では威力を発揮してくれる．

問題 1.7 次の問いに答えよ．

（1） $P(A \cap B) = 0.2$, $P(A) = 0.5$ のとき，$P_A(B)$ の値を求めよ．

（2） $P(A) = 0.7$, $P_A(B) = 0.3$ のとき，$P(A \cap B)$ の値を求めよ．

問題 1.8 2 つの袋 A と B があり，袋 A には赤玉が 5 個と白玉が 2 個，袋 B には赤玉が 3 個と白玉が 4 個入っているとする（並び順は無視してよい）．

$$A : 赤, 赤, 赤, 赤, 赤, 白, 白$$
$$B : 赤, 赤, 赤, 白, 白, 白, 白$$

どちらの袋を選ぶかは，表に A, A, B と書いて裏返した 3 枚のカードで決める．

$$カード : A, A, B$$

ランダムにカードを 1 枚引き，表に A と書いてあれば袋 A から玉を 1 つ取り出し，表に B と書いてあれば袋 B から玉を 1 つ取り出す．取り出した玉は元に戻さない．このとき，乗法定理から，次の式が成り立つ．

$$P(A \cap 赤) = P(A)P_A(赤)$$

この式を，次のように実験的に確かめてみよう．　　　　　　　　　　Prog[1-6]

「どちらかの袋を選び，1 個の玉を取り出す」という操作を，100 回，1000 回，10000 回，100000 回と繰り返したとき，

（1） 「A かつ赤玉」となる相対頻度 a を求めよ．

（2） 「袋 A が選ばれる」相対頻度 b を求めよ．

（3） 「袋 A が選ばれたもとで，赤玉が選ばれる」相対頻度 c を求めよ．

（4） $f = bc$ を求めよ．

（5） 以上の結果を表にまとめ，これからわかることをまとめよ．

1.5.3 独立性と乗法定理

事象の独立性の例

本節のはじめのところで述べた，黒玉が 4 個と白玉が 6 個入った袋から 2 回玉を取り出す場合において，1 回目に取り出した玉を元に戻して 2 回目を取り出す場合を，**復元抽出**という．

この実験を 100 回，1000 回，10000 回，100000 回繰り返して，

　　・1 回目に黒玉が取り出されたという条件のもとで，2 回目に白玉が取り出される相対頻度 a

　　・1 回目に黒玉，2 回目に白玉が取り出される相対頻度 b

　　・1 回目に黒玉が取り出される相対頻度 c と，商 $\dfrac{b}{c}$

を求めてみよう． Prog[1-7]

〈試行実験〉

扱いやすいように，黒玉を 1，白玉を 0 で表すと，はじめの袋の状態は次のようになっている（並び順は無視してよい）．

$$A : 1,\ 1,\ 1,\ 1,\ 0,\ 0,\ 0,\ 0,\ 0,\ 0$$

はじめに取り出したのが 1 のときは，取り出した玉を元に戻すので，袋の状態は変わらない．

$$A : 1,\ 1,\ 1,\ 1,\ 0,\ 0,\ 0,\ 0,\ 0,\ 0$$

また，はじめに取り出したのが 0 のときも，袋の状態は変わらない．

$$A : 1,\ 1,\ 1,\ 1,\ 0,\ 0,\ 0,\ 0,\ 0,\ 0$$

いま，試行回数が $n = 100$ 回，$n = 1000$ 回，$n = 10000$ 回，$n = 100000$ 回のとき，結果が例えば次のようになったとする． Prog[1-8]

$$n = 100 \text{ のとき：} \{0.586957,\ 0.27,\ 0.46,\ 0.586957\}$$

$$n = 1000 \text{ のとき：} \{0.617647,\ 0.252,\ 0.408,\ 0.617647\}$$

$$n = 10000 \text{ のとき：} \{0.599393,\ 0.237,\ 0.3954,\ 0.599393\}$$

$$n = 100000 \text{ のとき：} \{0.599101,\ 0.23861,\ 0.39828,\ 0.599101\}$$

〈データの整理と評価〉

試行実験の結果を表にすると次のようになる．

1.5 条件付き確率と乗法定理 25

試行の回数	a	b	c	$\dfrac{b}{c}$
100	0.586957	0.27	0.46	0.586957
1000	0.617647	0.252	0.408	0.617647
10000	0.599393	0.237	0.3954	0.599393
100000	0.599101	0.23861	0.39828	0.599101

a の「1 回目に黒玉が取り出されたという条件のもとで，2 回目に白玉が取り出される相対頻度」は，1 回目が黒玉のときの袋の状態が

$$A : 1,\ 1,\ 1,\ 1,\ 0,\ 0,\ 0,\ 0,\ 0,\ 0$$

となっているので，ここから 1 個の玉を取り出して白玉となる確率は，玉を取り出す回数が多くなれば

$$P_1(0) = \frac{6}{10} = \frac{3}{5} = 0.6$$

に近づいていくことがわかる．

c の「1 回目に黒玉となる相対頻度」は，袋の状態が

$$A : 1,\ 1,\ 1,\ 1,\ 0,\ 0,\ 0,\ 0,\ 0,\ 0$$

となっているので，黒玉が取り出される確率は

$$P(0) = \frac{4}{10} = 0.4$$

に近づいていくことがわかる．

公理的な表現

以上の具体的な偶然現象の解析から，公理的な展開に入ろう．

事象 A が起きたという条件のもとでの事象 B が起きる確率，すなわち「条件付き確率 $P_A(B)$」は，(1.11) より

$$P_A(B) = \frac{P(A \cap B)}{P(A)}$$

で定義されていた．ここで，特別な場合として，$P_A(B) = P(B)$ という場合を考えてみると，これは事象 A のもとでの事象 B の「条件付き確率」が，事象 B の元々の確率と等しい場合である．

「事象 A のもとでの」という条件があってもなくても事象 B の確率には

変化がないとき,「事象 B は事象 A と**独立**である」といい, 次のように表せる.

$$P_A(B) = P(B) \iff \text{「事象 } B \text{ は事象 } A \text{ と独立」}$$

ここで, 乗法定理がどうなるかを調べておこう. 乗法定理は(1.12)のように,

$$P(A \cap B) = P(A) P_A(B)$$

であった. B が A と独立の場合は $P_A(B) = P(B)$ であったから, このとき乗法定理は次のようになる.

$$P(A \cap B) = P(A) P(B)$$

逆に, この式があれば $P_A(B) = P(B)$ が導けるので, この式を「事象 B は事象 A と独立」の定義にしてもいいことがわかる.

また, この式は A と B を交換しても成り立つので, この式から $P_B(A) = P(A)$ も導けて, 「事象 A は事象 B と独立」といえることになる. つまり, 「A は B に独立」とか「B は A に独立」というところを, 「A と B は独立」といってもいいわけである.

$$P(A \cap B) = P(A) P(B) \iff A \text{ と } B \text{ は独立}$$

問題 1.9 ある袋の中に, 黒玉が3個, 白玉が7個入っている. この袋からランダムに1個の玉を取り出し, その色を記録してからその玉を袋に戻して, もう一度, 玉をランダムに取り出して色を記録する. このとき, 次の確率を求めよ. ただし, どの玉も取り出される確率は等しいとしてよい. なお, 例えば1回の試行で黒玉が取り出される確率を $P(黒)$ などと表すことにする.

（1） $P(黒)$, $P(白)$

（2） $P_黒(黒)$, $P_黒(白)$, $P_白(黒)$, $P_白(白)$

（3） $P(黒 \cap 黒)$（1回目に黒かつ2回目も黒という意味. 他も同様）, $P(黒 \cap 白)$, $P(白 \cap 黒)$, $P(白 \cap 白)$

1.6 ベイズの定理

ベイズの定理とは,「ある結果がわかったとき, それがどの原因から生じたかを確率で表す」定理である. 次のような具体的な偶然現象の例を通して解説するのがわかりやすいであろう.

1.6.1 偶然現象の例

2つの袋 A と B があり，それぞれの袋には，黒玉 X と白玉 Y が入っていて，A, B の袋の中身は次のようになっていたとする（並び順は無視してよい）.

$$A : X, \ X, \ X, \ X, \ Y, \ Y$$

$$B : X, \ X, \ X, \ Y, \ Y, \ Y, \ Y, \ Y$$

また，どちらの袋を選ぶかは，$P(A) = \frac{2}{3}$，$P(B) = \frac{1}{3}$ で決まっているとする．どちらかの袋を選び，選んだ袋から玉を取り出すという試行の結果を（袋の種類，玉の色）で表すと，(A, X)，(A, Y)，(B, X)，(B, Y) の4通りがある.

〈試行実験〉

「袋を選んで玉を取り出す」という試行を $n = 100$ 回，1000 回，10000 回，100000 回行い，それぞれの頻度と相対頻度を求める．また，「X が起きた」とは「(A, X) または (B, X) が起きた」ことを意味する．その中で，「X が A の袋から出た」，つまり，(A, X) が起きた場合の相対頻度を求めてみよう.

〈データの整理と評価〉

試行実験の結果を表にすると，例えば次のようになる． Prog[1-9]

回数	(A, X)	(A, Y)	(B, X)	(B, Y)	A の袋から X の相対頻度
100	49	19	9	23	$\frac{49}{58} = 0.844828$
1000	438	238	113	211	$\frac{438}{551} = 0.794918$
10000	4447	2276	1252	2015	$\frac{4447}{5699} = 0.780312$
100000	44570	22229	12527	20674	$\frac{44570}{57097} = 0.780601$

この表から確率の値へ移行するために，相対頻度の値を新たに表にしていく．a を (A, X) の相対頻度，b を (B, X) の相対頻度とし，「X が取り出されたとき，それが A の袋からのものである相対頻度」を c として表にすると次のようになる． Prog[1-10]

回数	a	b	$c = \dfrac{a}{a+b}$
100	$\dfrac{49}{100} = 0.49$	$\dfrac{9}{100} = 0.09$	$\dfrac{49/100}{58/100} = 0.844828$
1000	$\dfrac{438}{1000} = 0.438$	$\dfrac{113}{1000} = 0.113$	$\dfrac{438/1000}{551/1000} = 0.794918$
10000	$\dfrac{4447}{10000} = 0.4447$	$\dfrac{1252}{10000} = 0.1252$	$\dfrac{4447/10000}{5699/10000} = 0.780312$
100000	$\dfrac{44570}{100000} = 0.4457$	$\dfrac{12527}{100000} = 0.12527$	$\dfrac{44570/100000}{57097/100000} = 0.780601$

X が取り出されたとき，それが A の袋からのものである相対頻度 c は，次のように表せる．

$$c = \frac{a}{a+b} = \frac{(A, X) \text{の相対頻度}}{(A, X) \text{の相対頻度} + (B, X) \text{の相対頻度}}$$

$$= \frac{\dfrac{(A, X) \text{の頻度}}{n}}{\dfrac{(A, X) \text{の頻度}}{n} + \dfrac{(B, X) \text{の頻度}}{n}}$$

$$= \frac{\dfrac{A \text{の頻度}}{n} \times \dfrac{(A, X) \text{の頻度}}{A \text{の頻度}}}{\dfrac{A \text{の頻度}}{n} \times \dfrac{(A, X) \text{の頻度}}{A \text{の頻度}} + \dfrac{B \text{の頻度}}{n} \times \dfrac{(B, X) \text{の頻度}}{B \text{の頻度}}}$$

ここで n を大きくしていくと，相対頻度は確率の値に近くなっていくので，次のようになる．

「X が選ばれたとき，それが A の袋からのものである確率」

$$= \frac{A \text{の確率} \times A \text{の袋から} X \text{の確率}}{A \text{の確率} \times A \text{の袋から} X \text{の確率} + B \text{の確率} \times B \text{の袋から} X \text{の確率}}$$

$$= \frac{\dfrac{2}{3} \times \dfrac{2}{3}}{\dfrac{2}{3} \times \dfrac{2}{3} + \dfrac{1}{3} \times \dfrac{3}{8}} = \frac{32}{41} = 0.780488$$

この値は，10000 回，100000 回の試行での相対頻度とほぼ同じ値になっている．

ここで行ったことを整理すると，次のようになる．まず，どちらかの袋を選び，選んだ袋から玉を 1 つ取り出し，取り出した玉が黒玉 (X) であったという結果を知ったとき，この黒玉が袋 A から取り出されたのか，袋 B から取り出されたのかという，どの原因から生じたかの確率を求めていることになる．

条件付き確率の表現で，$P_X(A)$ を $P(A)$，$P(B)$，$P_A(X)$，$P_B(X)$ などを使って表すと，

$$P_X(A) = \frac{P(A)\,P_A(X)}{P(A)\,P_A(X) + P(B)\,P_B(X)} \qquad (1.13)$$

となり，この式を**ベイズの定理**という．

1.6.2　ベイズの定理

偶然現象の例から (1.13) を導き出したのであるが，この式を，一般的に公理系からの理論的な展開によって求めることもできる．そこで，この式を形式的な計算から証明してみよう．

証明　条件付き確率の定義式 (1.11) から次の式が成り立つ．

$$P_X(A) = \frac{P(A \cap X)}{P(X)}$$

先の例では，袋は A と B しかないので，

$$P(X) = P(A \cap X) + P(B \cap X)$$

が成り立ち，この式を (1.11) に代入すると次のようになる．

$$P_X(A) = \frac{P(A \cap X)}{P(A \cap X) + P(B \cap X)}$$

ここで，乗法定理 (1.12) を思い出して，$P(A \cap X) = P(A)\,P_A(X)$，$P(B \cap X) = P(B)\,P_B(X)$ を適用すると，(1.13) のベイズの定理

$$P_X(A) = \frac{P(A)\,P_A(X)}{P(A)\,P_A(X) + P(B)\,P_B(X)}$$

が得られる．

なお，ベイズの定理は，袋の数が n 個 ($E_1, E_2, \cdots, E_n$) あっても同じように成り

立つので, $k = 1 \sim n$ として

$$P_X(E_k) = \frac{P(E_k)\,P_{E_k}(X)}{P(E_1)\,P_{E_1}(X) + P(E_2)\,P_{E_2}(X) + \cdots + P(E_n)\,P_{E_n}(X)}$$

と表せる. ■終

問題 1.10 2つの袋 A と B がある. それぞれの袋には, 黒玉 X と白玉 Y が入っていて, A, B の袋の中身は次のようになっていたとする (並び順は無視してよい).

$$A : X,\ X,\ X,\ X,\ Y,\ Y$$
$$B : X,\ X,\ X,\ Y,\ Y,\ Y,\ Y,\ Y$$

いま, どちらの袋を選ぶかは, $P(A) = \frac{2}{3}$, $P(B) = \frac{1}{3}$ で決まっているとする. このとき, 次の確率をベイズの定理を用いて求めよ.

（1） 黒玉 X が取り出されたとき, それが袋 B からのものである確率

（2） 白玉 Y が取り出されたとき, それが袋 A からのものである確率

（3） 白玉 Y が取り出されたとき, それが袋 B からのものである確率

問題 1.11 政党を, 「与党」と「野党」に分ける. 時の内閣を「A」とする. ある人が与党を支持する確率を $P(与党)$ と表したとき, $P(与党) = 0.6$, 野党を支持する確率を $P(野党)$ と表したとき, $P(野党) = 0.4$ になっていたとする.

また, 与党支持の有権者が A 内閣を支持する確率を $P_{与党}(A)$ と表したとき, 次のようになっていたとする. ただし, $\overline{A}$ は A 内閣を支持していないことを表しているものとする.

$$P_{与党}(A) = 0.8, \qquad P_{与党}(\overline{A}) = 0.2, \qquad P_{野党}(A) = 0.4, \qquad P_{野党}(\overline{A}) = 0.6$$

このとき, 次の確率を求めよ.

（1） ある有権者をランダムに選んだら, A 内閣を支持していた. この有権者が与党支持である確率と, この有権者が野党支持である確率.

（2） ある有権者をランダムに選んだら, A 内閣を支持していなかった. この有権者が与党支持である確率と, この有権者が野党支持である確率.

◆ 本章の内容 ◆

確率論は，第1章で述べたことを基礎にしながら，様々な偶然的に変化する量（これを数学用語では**確率変数**という）の規則性を扱う分野である．「偶然的な量の規則性」について述べることが本章の目的であるが，「量」というと，個数や金額などの離散的な量と，長さ，重さ，密度などの連続的な量がある．そこで，第1章と同様に，離散型の確率空間と連続型の確率空間に分けて扱う．

◆ 確率論の中での本章の位置づけ ◆

具体的な現象として現れるのは「偶然的な量」すなわち，確率変数であり，すべての現象は確率変数で表されるともいえ，確率を学ぶ中心概念が確率変数であるともいえる．また，確率変数に対応する概念として，「この値までの確率」という概念である**累積分布関数**について，その定義や性質について述べるが，累積分布関数は確率変数と対になる重要な概念である．

◆ 本章のゴール ◆

本章のゴールは，確率変数とはどのような概念で，公理系からどのように定義されるかを理解し，合わせて，累積分布関数の概念を理解することである．

2.1 確率変数の定義

確率変数とは，偶然的に変化する量のことであり，例えば，重さや長さなど，身の回りにたくさんある．ただし，「偶然的に」といっても，「一定の条件のもとでの変化」でなくてはならない．

「一定の条件のもと」というのは，例えば，コインを机の上に落とした と

きに表と裏のどちらが上を向くかを調べる偶然現象において，「コインを落とす高さは常に一定の幅の範囲でなければならない」とか，1本の木から収穫される「りんごの重さ」というときに，「違う品種の異なるりんごの木から収穫されるりんごを混ぜたりしない」というようなことである．

本章では，確率変数を離散的な場合と連続的な場合に分けて扱い，まずは離散的な場合の偶然現象の解析からはじめる．

サイコロ投げにともなう確率変数

サイコロを投げたときにどの目が出るかという偶然現象を調べる場合において，例えば「出た目の数を10倍した数値（例えば金額(円)）を与える」というような，確率をともなう関数のことを**離散型確率変数**という．

〈試行実験〉

サイコロをランダムに100回投げる実験において，⚀ が出たら10円，⚁ が出たら20円，⚂ が出たら30円，⚃ が出たら40円，⚄ が出たら50円，⚅ が出たら60円を与えるような離散型確率変数が，例えば次のようになったとする．
　　　　　　　　　　　　　　　　　　　　　　　　　　　　Prog[2-1]

20, 60, 40, 30, 40, 50, 30, 30, 40, 50, 10, 50, 10, 10, 50, 40, 30, 10, 60, 20,
20, 50, 50, 50, 20, 10, 10, 10, 50, 50, 60, 50, 20, 30, 60, 20, 10, 10, 40, 30,
10, 20, 10, 40, 10, 30, 30, 30, 30, 40, 50, 10, 50, 20, 20,
20, 40, 10, 40, 10, 30, 50, 30, 20, 10, 20, 30, 20, 50, 50, 40, 10, 60, 60, 10,
30, 10, 30, 60, 40, 20, 30, 40, 50, 50, 10, 50, 10, 50, 40, 30, 50, 30, 50, 60

〈データの整理と評価〉

このデータをヒストグラム（柱状グラフ）で表してみると，図2.1のようになる（Prog[2-1]の結果でグラフも変化）．　　　　　　Prog[2-2]

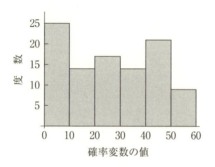

図 2.1

2.1 確率変数の定義 33

各数値の相対頻度を求めるために，実験回数を 1000 回，10000 回，100000 回まで増やし，その結果を表にすると，例えば次のようになる．

Prog[2-3]

回数	10	20	30	40	50	60
100	0.25	0.14	0.17	0.14	0.21	0.09
1000	0.166	0.157	0.146	0.184	0.164	0.163
10000	0.1645	0.1678	0.1649	0.1652	0.1683	0.1693
100000	0.16633	0.16818	0.16681	0.16764	0.16586	0.16518

確率変数の値と，その値をとる確率とを組にしたものを確率変数の**確率分布**という．いま，離散型確率変数の値を X として，X の値とその確率をセットにして確率変数の分布を表にすると次のようになる．

確率変数 X の値	10	20	30	40	50	60
確率	$\frac{1}{6}$	$\frac{1}{6}$	$\frac{1}{6}$	$\frac{1}{6}$	$\frac{1}{6}$	$\frac{1}{6}$

次に，**連続型確率変数**であるが，例えば，1 本のりんごの木から収穫されるりんごの1つ1つの重さなどが，その例である．一例として，りんご100個の重さ（g）が次のようになったとする．

275, 237, 240, 249, 249, 270, 246, 259, 236, 260, 253, 261, 254, 240, 248, 248, 228, 237, 270, 248, 247, 237, 257, 244, 251, 257, 237, 247, 257, 249, 263, 241, 250, 284, 229, 243, 233, 249, 237, 241, 231, 240, 240, 233, 242, 227, 268, 243, 226, 259, 253, 213, 243, 261, 249, 232, 235, 260, 243, 243, 257, 218, 261, 285, 219, 264, 275, 214, 239, 238, 255, 261, 247, 238, 240, 236, 251, 240, 264, 244, 242, 243, 250, 241, 267, 284, 247, 234, 263, 247, 296, 230, 236, 250, 238, 266, 220, 271, 256, 245

このデータのヒストグラム（柱状グラフ）は，図2.2のようになる．

ここで，抽出する数を増やしていき，りんご100000個を選んだときのヒストグラムが図2.3のようになったとする（縦軸は，各範囲に入るデータの個数（度数）を表す）．抽出する個数を増やしていくと，平均値250，標準偏差15の図2.4のような正規分布の形に近づいていくことがわかり，確率密度関数 $f(x)$ は次のようになる．

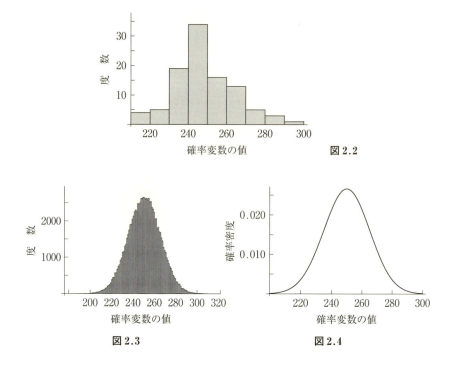

図 2.2

図 2.3   図 2.4

$$f(x) = \frac{1}{\sqrt{2\pi \times 15^2}} e^{-\frac{(x-250)^2}{2 \times 15^2}}$$

ヒストグラムでは縦軸は「データの個数」であったが，正規分布のグラフでは，縦軸は確率密度関数の値であり，ある範囲（区間）における面積が，その範囲の値をとる確率の値を表すことになる．

公理的な表現

このように，「偶然的に変化する数値」が確率変数であるが，「偶然的」というのは，ある確率法則に従って変化することを意味し，ある確率空間 $(\Omega, \mathcal{F}, P)$ が背後にある．これらの具体例をもとにすると，確率変数は数学的には次のように定義される．

確率空間 $(\Omega, \mathcal{F}, P)$ において，Ω の各要素 $\omega \in \Omega$ に対して実数値をとる関数 $X(\omega)$ が，1次元ボレル集合体 $\boldsymbol{B}_1$ に属する任意の集合 A に対して，

$$X^{-1}(A) = \{\omega \in \Omega \,|\, X(\omega) \in A\} \in \mathcal{F}$$

であるとき，この関数を**確率変数**という．ここで，X の肩の -1 は逆関数を表す．

2.1.1 確率変数から実数上の確率空間へ

確率空間 $(\Omega, \mathcal{F}, P)$ をもとにする確率変数 $X(\omega)$ があるとき，そこから実数上の確率空間 $(\mathbb{R}, \boldsymbol{B}_1, \mu_X(A))$ が導かれ，「1 次元ボレル集合体に属する任意の集合 A の確率 $\mu_X(A)$」を，$A \in \boldsymbol{B}_1$ に対して，

$$\mu_X(A) = P(X^{-1}(A))$$

すなわち，「$X(\omega)$ が A の値をとる確率」とするのである．$\mu_X(A)$ が，$(\mathbb{R}, \boldsymbol{B}_1)$ 上で確率の公理を満たすことは容易に確かめられる．

2.1.2 離散型確率変数

確率変数 X のとりうる値が，整数のみなどのように離散的な値しかとらず，サイコロ投げの試行において，出た目の数を 10 倍した数を与えるのが，離散型確率変数の例であった．再掲となるが，X の値とその確率をセットにして，確率変数の分布を表にすると次のようになる．

確率変数 X の値	10	20	30	40	50	60
確　率	$\frac{1}{6}$	$\frac{1}{6}$	$\frac{1}{6}$	$\frac{1}{6}$	$\frac{1}{6}$	$\frac{1}{6}$

2.1.3 連続型確率変数の例

確率変数のとる値が，長さや重さなどのように実数の値をとる場合が**連続型確率変数**であり，確率変数 X に対して確率密度関数 $f(x)$ が存在し，区間 $[a, b]$ における確率は，

$$P(a \leq X \leq b) = \int_a^b f(x)\, dx \tag{2.1}$$

となる．

例えば，連続型確率変数 X の確率が (1.8) で与えたように

$$P(a \leq X \leq b) = \frac{1}{\sqrt{2\pi}\,\sigma} \int_a^b e^{-\frac{(x-m)^2}{2\sigma^2}}\, dx$$

のように表せる場合，X は**正規分布**に従う．

一様分布

確率変数 X が a から b まで一様分布に従うというのは，確率密度関数のグラフが例えば図 2.5 のようになっている場合である．

図 2.5

この分布の確率密度関数 $f(x)$ は，

$$f(x) = \begin{cases} 0 & (x < a) \\ \dfrac{1}{b-a} & (a \leq x \leq b) \\ 0 & (b < x) \end{cases} \tag{2.2}$$

のように表され，区間 $[a, b]$ における確率は (2.1) で与えられる．

三角分布

確率変数 X が 0 から 2 までの三角分布をするというのは，グラフが例えば図 2.6 のようになっている場合である．

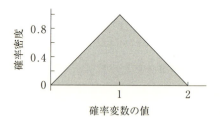

図 2.6

この分布の確率密度関数 $f(x)$ は

$$f(x) = \begin{cases} 0 & (x < 0) \\ x & (0 \leq x \leq 1) \\ -x + 2 & (1 \leq x \leq 2) \\ 0 & (2 < x) \end{cases}$$

のように表され，区間 $[a, b]$ における確率は，同じく(2.1)で与えられる．
指数分布

一定の時間内に生じる事象の数が，1.4.1項で扱ったポアソン分布（パラメータは λ) に従うとき，そのような事象の生じる時間の間隔は指数分布となる．

この分布 $(\lambda > 0)$ の確率密度関数 $f(x)$ は，

$$f(x) = \begin{cases} \lambda e^{-\lambda x} & (x \geq 0) \\ 0 & (x < 0) \end{cases} \quad (2.3)$$

のように表され，区間 $[a, b]$ における確率は，同じく(2.1)で与えられる．

なお，$\lim_{k \to \infty} e^{-k} = e^{-\infty} = 0$ であるから，

$$\int_0^\infty \lambda e^{-\lambda x}\, dx = \lambda \left[\frac{e^{-\lambda x}}{-\lambda} \right]_0^\infty = \lambda \left(0 + \frac{1}{\lambda} \right) = 1$$

となり，全確率が1になることは容易にわかる

図2.7は，$\lambda = 0.5,\ 1,\ 1.5,\ 2,\ 2.5,\ 3$ の場合の指数分布の確率密度関数のグラフであり，$x = 0$ のときの値が，λ の値である． Prog[2-4]

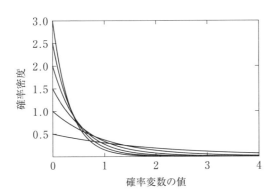

図 2.7

コーシー分布

コーシー分布とよばれる分布の確率密度関数 $f(x)$ は，

$$f(x) = \frac{a}{\pi} \times \frac{1}{a^2 + (x - m)^2} \quad (a, m は実数の定数) \quad (2.4)$$

のように表され，区間 $[a, b]$ における確率は，同じく(2.1)で与えられる．

コーシー分布で, $a = 3$ とし, m を -2 から 5 まで動かしたときのグラフは図 2.8 のようになる. Prog[2-5]

グラフの形が正規分布に似ているが, 正規分布と異なるのは, 大きな値や, 小さい値のところにも一定の確率があることであり, いわゆる, **裾の重い分布**とよばれている. このことから, 平均や分散が無限大 (∞) に発散してしまうという特徴をもつ分布でもある.

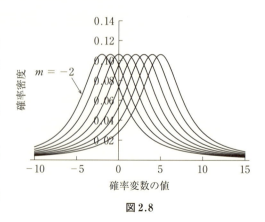

図 2.8

例えば, (2.4) で $m = 0$, $a = 3$ の場合, x の値が大きいところで, 標準正規分布では $P([100, 200]) = 0.000000286652$ で極めて小さい確率であるが, コーシー分布では $P([100, 200]) = 0.00477214$ となり, 正規分布よりかなり大きな確率が残ることがわかる.

身近な例としては, 放射線の線スペクトルの強さの分布等がある.

ベータ分布

ベータ分布とよばれる分布の確率密度関数 $f(x)$ は,

$$f(x) = \begin{cases} \dfrac{1}{B(\alpha, \beta)} x^{\alpha-1}(1-x)^{\beta-1} & (0 \leq x \leq 1) \\ 0 & (x < 0 \text{ または } x > 1) \end{cases}$$

(2.5)

のように表され, 区間 $[a, b]$ における確率は, 同じく (2.1) で与えられる.

ただし, $B(\alpha, \beta)$ は

$$B(\alpha, \beta) = \int_0^1 t^{\alpha-1}(1-t)^\beta \, dt \qquad (2.6)$$

のような関数で, **ベータ関数**とよばれるものである.

例えば, (2.6) で $\alpha = 2$ として, β を 2 から 5 まで変化させたときの分布のグラフは図 2.9 のようになる. β の値が大きくなると, グラフの頂点が左にずれていくことがわかる. ベータ分布は, PERT (Program Evaluation

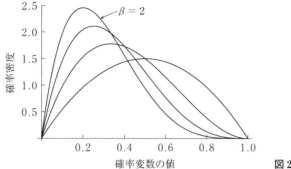

図 2.9

and Review Technique) という工期見積り手法で使われる． Prog[2-6]

2.2 結合分布

例えば，人の身長と体重のように2つの確率変数 X と Y や，3つ以上の確率変数を同時に考えるときには，**結合分布**とよばれる分布が必要になってくる．そして，数 a と b を組にした (a, b) をベクトルとよんだように，確率変数 X と Y を組にした (X, Y) を**確率ベクトル**とよぶ．

確率空間 $(\Omega, \mathcal{F}, P)$ をもとにした確率変数 $X(\omega)$ $(\omega \in \Omega)$ があるとき，実数上の確率空間 $(\mathbb{R}, \boldsymbol{B}_1, \mu_X(A))$ は $A \in \boldsymbol{B}_1$ に対して次のように定められた（2.1.1を参照）．

$$\mu_X(A) = P(X^{-1}(A))$$

これと同じように，確率ベクトル (X, Y) から導かれる分布は，2次元ユークリッド空間 $\mathbb{R}^2$ において，2次元のボレル集合の上での確率分布 $\mu_{X,Y}(A \times B)$ が $(A \times B) \in \boldsymbol{B}_2$ に対して次のように定まる．

$$\mu_{X,Y}(A \times B) = P((X \in A) \cap (Y \in B)) = P(X \in A, Y \in B) \tag{2.7}$$

このようにして定まる $(\mathbb{R}^2, \boldsymbol{B}_2)$ 上の確率ベクトル (X, Y) の確率分布を，X, Y の**結合分布**（または**同時分布**）という．そして，結合分布 $\mu_{X,Y}$ に対して，もとの分布 P_X, P_Y のことを**周辺確率分布**という．

2.2.1 離散型結合分布

X が値 $x_1, x_2, \cdots, x_n, \cdots$ をとるような離散的な分布に従う確率変数で，Y も $y_1, y_2, \cdots, y_m, \cdots$ をとるような離散的な分布に従う確率変数のときは，(2.7) は次のようになる．

$$\mu_{X,Y}((X, Y) = (x_n, y_m)) = P((X = x_n) \cap (Y = y_m))$$

ここで，m と n は自然数である．

また，周辺確率分布については次の性質が成り立つ．

$$\sum_m \mu_{X,Y}((X, Y) = (x_n, y_m)) = P_X(X = x_n)$$

$$\sum_n \mu_{X,Y}((X, Y) = (x_n, y_m)) = P_Y(Y = y_m)$$

サイコロ投げの結合分布

通常のサイコロ投げの偶然現象に対して，次のような2つの確率変数 X，Y がある場合の結合分布を調べてみよう．X は出た目の 10 倍の金額（円）を与え，Y は，1 と 6 の目が出たら 1 万円，4 の目が出たら 3 万円，その他のときは 2 万円を与えるものとする．

事　象	⚀	⚁	⚂	⚃	⚄	⚅
確率変数 X の値	10	20	30	40	50	60
確率変数 Y の値	1	2	2	3	2	1
確　率	$\dfrac{1}{6}$	$\dfrac{1}{6}$	$\dfrac{1}{6}$	$\dfrac{1}{6}$	$\dfrac{1}{6}$	$\dfrac{1}{6}$

このとき，X と Y を組にした確率ベクトル (X, Y) の結合分布は $P_X(x)$，$P_Y(y)$ をそれぞれ周辺分布として，次のようになる．

X ＼ Y	10	20	30	40	50	60	$P_Y(y)$
1	$\dfrac{1}{6}$	0	0	0	0	$\dfrac{1}{6}$	$\dfrac{2}{6}$
2	0	$\dfrac{1}{6}$	$\dfrac{1}{6}$	0	$\dfrac{1}{6}$	0	$\dfrac{3}{6}$
3	0	0	0	$\dfrac{1}{6}$	0	0	$\dfrac{1}{6}$
$P_X(x)$	$\dfrac{1}{6}$	$\dfrac{1}{6}$	$\dfrac{1}{6}$	$\dfrac{1}{6}$	$\dfrac{1}{6}$	$\dfrac{1}{6}$	

2.2 結 合 分 布   *41*

問題 2.1   次の問いに答えよ.

（1）　通常のサイコロ投げの偶然現象に対して，次のような2つの確率変数 X, Y がある場合，結合分布の表の？のところを埋めよ.

事　　象	⚀	⚁	⚂	⚃	⚄	⚅
確率変数 X の値	30	20	10	10	20	30
確率変数 Y の値	1	1	1	2	2	3
確　　率	$\dfrac{1}{6}$	$\dfrac{1}{6}$	$\dfrac{1}{6}$	$\dfrac{1}{6}$	$\dfrac{1}{6}$	$\dfrac{1}{6}$

X＼Y	10	20	30	$P_Y(y)$
1	?	?	?	?
2	?	?	?	?
3	?	?	?	?
$P_X(x)$	?	?	?	?

（2）　周辺確率分布 $P_X(10), P_X(20), P_X(30), P_Y(1), P_Y(2), P_Y(3)$ を求めよ.

問題 2.2   確率変数 X, Y の結合分布が次のようになっているとする.

X＼Y	10	20	30	40
0	0	0.1	0	0.2
1	0.1	0	0	0
2	0.1	0	0	0
3	0	0.2	0.3	0

（1）　周辺確率分布の確率 $P_X(0), P_X(1), P_X(2), P_X(3)$ を求めよ.

（2）　周辺確率分布の確率 $P_Y(10), P_Y(20), P_Y(30), P_Y(40)$ を求めよ.

2.2.2　連続型結合分布

X と Y が連続型確率変数で，それぞれの確率密度関数を $f_X(x), f_Y(y)$ とする．X, Y の結合分布において，**同時確率密度関数** $f_{X,Y}(x,y)$ とは次のように表せる分布である.

$$\mu_{X,Y}(a \leq x \leq b,\ c \leq y \leq d) = \int_c^d \left(\int_a^b f_{X,Y}(x,y)\ dx \right) dy \quad (2.8)$$

42 第 2 章 確率変数とその性質

この結合分布の同時確率密度関数 $f_{X,Y}(x,y)$ から，もとの X と Y の確率密度関数は**周辺分布密度関数**とよばれ，次のように導ける．

$$f_X(x) = \int_{-\infty}^{\infty} f_{X,Y}(x,y)\, dy, \qquad f_Y(y) = \int_{-\infty}^{\infty} f_{X,Y}(x,y)\, dx$$

問題 2.3 確率変数 X と Y の同時確率密度関数 $f_{X,Y}(x,y)$ が次のようになっているとする．

$$f_{X,Y}(x,y) = \begin{cases} 5 - 4x - 4y & (0 \le x \le 1,\ 0 \le y \le 1) \\ 0 & （その他のとき） \end{cases}$$

（1） $\displaystyle\int_{-\infty}^{\infty}\int_{-\infty}^{\infty} f_{X,Y}(x,y) = 1$ を確かめよ．

（2） X の周辺分布密度関数 $f_X(x)$，Y の周辺分布密度関数 $f_Y(y)$ を求めよ．

2.3 累積分布関数

2.3.1 累積分布関数の定義

$P(X = 3)$ は $X = 3$ となる確率であり，3 以外のすべての値について示したのが確率分布である．また，$P(X \le 3)$ は $X = 3$ までの確率を足した「X が 3 以下の確率」である．そして，この概念を定式化したのが**累積分布関数**である．

確率変数 X があるとき，x までの確率を全部加えた関数

$$F(x) = P(X \le x) = P(\{\omega \in \Omega\,;\, X(\omega) \le x\}) \qquad (2.9)$$

を，**累積分布関数**あるいは単に**分布関数**という．

離散的な分布の場合の累積分布関数は，

$$F(x) = \sum_{x_k \le x} P(X = x_k)$$

となり，確率密度関数 $f(x)$ をもつ連続的な分布の場合には，上式の和が積分で表されて，

$$F(x) = \int_{-\infty}^{x} f(t)\, dt$$

となる．

2.3.2 累積分布関数の基本性質

確率変数 X の累積分布関数 $F(x) = P(X \le x)$ については，次の性質が

2.3 累積分布関数

成り立つ.

1. $\lim_{x \to -\infty} F(x) = F_X(-\infty) = 0$

2. $\lim_{x \to \infty} F(x) = F(\infty) = 1$

3. $F(x)$ は単調非減少, すなわち, $x_1 \le x_2$ に対して, $F(x_1) \le F(x_2)$ となる.

4. $F(x)$ は右連続, すなわち, $\lim_{x \to a+0} F_X(x) = F(a)$ となる.

5. 確率変数 X が連続型で, 確率密度関数を $f_X(x)$ とすると, 次の式が成り立つ.

$$f_X(x) = \frac{d}{dx} F_X(x)$$

これらの性質の証明は難しくはないため, 簡単に示しておく.

証明

1. $\lim_{x \to -\infty} F(x) = P((-\infty < X \le x)) = P\left(\bigcap_{n=1}^{\infty} (-\infty, -n]\right) = P(X^{-1}(\emptyset))$
   $= 0$

2. $\lim_{x \to \infty} F(x) = P\left(\bigcup_{n=1}^{\infty} (-\infty, n]\right) = P(X^{-1}(R)) = 1$

3. $x_1 \le x_2$ とする. このとき, 分布関数は次のようになる.

$$F(x_1) = P(X \le x_1) \le P(X \le x_2) = F(x_2)$$

上の変形では, $A_1 = (-\infty, x_1] \subseteq (-\infty, x_2] = A_2$, $A_1 \subset A_2$ を用いている.

4. 微分積分で学んだように, 右連続性は, $x_n \to a + 0$ なる数列 $\{x_n\}$ について $F(x_n) \to F(a)$ を示せばよい. $X^{-1}((-\infty, x_n])$ は, 単調に減少して次のようになる.

$$\bigcap_{n=1}^{\infty} X^{-1}((-\infty, x_n]) = X^{-1}\left(\bigcap_{n=1}^{\infty} (-\infty, x_n]\right) = X^{-1}((-\infty, a])$$

したがって, 確率の連続性 (1.4) から次のようになる.

$$F(a) = P(X \le a) = P\left(\bigcap_{n=1}^{\infty} \{X \le x_n\}\right)$$

$$= \lim_{x_n \to a+0} P(X \le x_n) = \lim_{x_n \to a+0} F(x_n)$$

5. この式が成り立つ理由は, 右辺が次のようになっていることからわかる.

$$\frac{d}{dx} F_X(x) = \lim_{h \to 0} \frac{F(x+h) - F(x)}{h} = \lim_{h \to 0} \frac{\int_{-\infty}^{x+h} f(t)\,dt - \int_{-\infty}^{x} f(t)\,dt}{h}$$

$$= \lim_{h \to 0} \frac{\int_x^{x+h} f(t)\,dt}{h} = f_X(x)$$

最後の変形は，微分と積分の関係から得られる．　　　　　　　　　　　　■

2.3.3　結合分布の累積分布関数

2つの確率変数 X，Y があるとき，次のような2変数の関数 $F_{X,Y}(x, y)$
を**結合（同時）累積分布関数**という．

$$F_{X,Y}(x, y) = P(X \le x \text{ かつ } Y \le y)$$

結合累積分布関数については，次の性質が成り立つ．

1. $\displaystyle \lim_{y \to -\infty} F_{X,Y}(x, y) = \lim_{x \to -\infty} F_{X,Y}(x, y) = 0$

2. $\displaystyle \lim_{\substack{x \to \infty \\ y \to \infty}} F_{X,Y}(x, y) = 1$

3. $\displaystyle \lim_{x \to a+0} F_{X,Y}(x, b) = F_{X,Y}(a, b), \qquad \lim_{y \to b+0} F_{X,Y}(a, y) = F_{X,Y}(a, b)$

4. $\displaystyle \lim_{y \to \infty} F_{X,Y}(x, y) = F_X(x), \qquad \lim_{x \to \infty} F_{X,Y}(x, y) = F_Y(y)$

5. $x_1 \le x_2$，$y_1 \le y_2$ に対して，

$$\{F_{X,Y}(x_2, y_2) - F_{X,Y}(x_1, y_2)\} - \{F_{X,Y}(x_2, y_1) - F_{X,Y}(x_1, y_1)\} \ge 0$$

6. 2つの確率変数 X と Y が独立である必要十分条件は，次の式が成り立つことである．

$$F_{X,Y}(x, y) = F_X(x) F_Y(y)$$

$\boxed{\text{6の証明}}$　はじめに，X と Y が独立であるとすると，

$$P((X \in A) \cap (Y \in B)) = P(X \in A) P(Y \in B)$$

が成り立つので，$A = (-\infty, x]$，$B = (-\infty, y]$ とすれば，次のようになる．

$$F_{X,Y}(x, y) = P((X \le x) \cap (Y \le y)) = P(A \cap B)$$
$$= P(A) P(B) = P(X \le x) P(Y \le y)$$
$$= F_X(x) F_Y(y)$$

逆に，$F_{X,Y}(x, y) = F_X(x) F_Y(y)$ が成り立っているとすると，

$$P((X \le x) \cap (Y \le y)) = P(X \le x) P(Y \le y)$$
$$P((x_1 \le X \le x_2) \cap (y_1 \le Y \le y_2)) = P(x_1 \le X \le x_2) P(y_1 \le Y \le y_2)$$
$$P(A \cap B) = P(A) P(B)$$

となる．　　　　　　　　　　　　　　　　　　　　　　　　　　　■

2.3 累積分布関数　　　*45*

1〜5 の証明は，累積分布関数の性質の証明とそれほど違わないので，読者にお任せしよう．

2.3.4 累積分布関数の例

（1） サイコロ投げの累積分布関数

例えば，サイコロ投げの偶然現象において，⚀ が出たら 10，⚁ が出たら 20，⚂ が出たら 30，⚃ が出たら 40，⚄ が出たら 50，⚅ が出たら 60 を与えるような確率変数 X の累積分布関数を，2.3.1 項の定義から求めてみよう．

事　象	⚀	⚁	⚂	⚃	⚄	⚅
確率変数 X の値	10	20	30	40	50	60
確　率	$\frac{1}{6}$	$\frac{1}{6}$	$\frac{1}{6}$	$\frac{1}{6}$	$\frac{1}{6}$	$\frac{1}{6}$

例えば，$x < 30$ のとき $X \leq x$ となる確率 $P(X \leq x)$ は，

$$P(X = 10) + P(X = 20) = \frac{1}{6} + \frac{1}{6} = \frac{2}{6} = \frac{1}{3}$$

となる．他の場合も同様にして，次の結果が得られる．

$$F(x) = \begin{cases} 0 & (x < 10) \\ \dfrac{1}{6} & (10 \leq x < 20) \\ \dfrac{2}{6} & (20 \leq x < 30) \\ \dfrac{3}{6} & (30 \leq x < 40) \\ \dfrac{4}{6} & (40 \leq x < 50) \\ \dfrac{5}{6} & (50 \leq x < 60) \\ \dfrac{6}{6} & (60 \leq x) \end{cases}$$

この関数のグラフは図 2.10 のようになる．

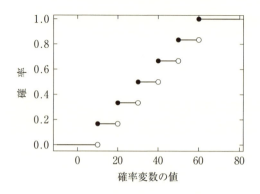

図 2.10

（2） 区間 $[a, b]$ での一様分布の累積分布関数

2.1.3 項で述べたように，一様分布の確率密度関数は

$$f(x) = \begin{cases} 0 & (x < a) \\ \dfrac{1}{b-a} & (a \leq x \leq b) \\ 0 & (x \geq b) \end{cases}$$

と表されるので，累積分布関数 $F(x)$ は，

$x < a$ のとき，

$$F(x) = \int_{-\infty}^{x} 0\, dt = 0$$

$x > b$ のとき，

$$F(x) = \int_{-\infty}^{a} 0\, dx + \int_{a}^{b} f(x)\, dx + \int_{b}^{x} 0\, dx = 0 + 1 + 0 = 1$$

$a \leq x \leq b$ のとき，

$$F(x) = \int_{-\infty}^{a} dx + \int_{a}^{x} \frac{1}{b-a}\, dt = 0 + \frac{1}{b-a} \int_{a}^{x} 1\, dt$$

$$= \frac{1}{b-a} [x]_{a}^{x} = \frac{x-a}{b-a}$$

となり，以上をまとめると次のようになる．

$$F(x) = \begin{cases} 0 & (x < a) \\ \dfrac{x-a}{b-a} & (a \leq x \leq b) \\ 1 & (x \geq b) \end{cases}$$

2.3 累積分布関数

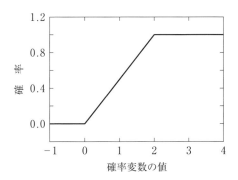

図 2.11

この関数のグラフは図 2.11 のようになる（$a = 0$, $b = 2$ の場合）．

（3） 三角分布の累積分布関数

密度関数が次のような一般の三角分布の場合の累積分布関数を求めてみよう．

$$f(x) = \begin{cases} 0 & (x < a) \\ \dfrac{2(x-a)}{(c-a)(b-a)} & (a \leq x \leq b) \\ \dfrac{2(c-x)}{(c-a)(b-a)} & (b \leq x \leq c) \\ 0 & (x > c) \end{cases}$$

Prog[2-7]

全確率，すなわち三角形の面積は 1 になることから，$x = b$ での三角形の高さは $\dfrac{2}{c-a}$ となっている．この三角分布の累積分布関数は，

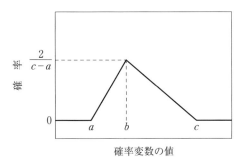

図 2.12

48　　　第2章　確率変数とその性質

$x < a$ のとき，

$$F(x) = \int_{-\infty}^{x} 0 \, dt = 0$$

$x > c$ のとき，

$$F(x) = \int_{-\infty}^{a} 0 \, dt + \int_{a}^{c} f(x) \, dt + \int_{c}^{x} 0 \, dt = 0 + 1 + 0 = 1$$

$a \le x \le b$ のとき，

$$F(x) = \int_{-\infty}^{x} f(t) \, dt = \int_{a}^{x} \frac{2(t-a)}{(c-a)(b-a)} \, dt$$

$$= \frac{1}{(c-a)(b-a)} \left[(t-a)^2 \right]_a^x = \frac{1}{(c-a)(b-a)} \{ (x-a)^2 - 0 \}$$

$$= \frac{(x-a)^2}{(c-a)(b-a)}$$

$b \le x \le c$ のとき，

$$F(x) = \int_{-\infty}^{x} f(t) \, dt = \int_{-\infty}^{a} 0 \, dt + \int_{a}^{b} f(t) \, dt + \int_{b}^{x} f(t) \, dt$$

$$= 0 + \frac{b-a}{c-a} + \int_{b}^{x} \frac{2(c-t)}{(c-a)(c-a)} \, dt$$

$$= \frac{b-a}{c-a} + \frac{1}{(c-a)(c-b)} \left[-(c-t)^2 \right]_b^x$$

$$= \frac{b-a}{c-a} + \frac{1}{(c-a)(c-b)} \{ -(c-x)^2 + (c-b)^2 \}$$

$$= \frac{b-a}{c-a} - \frac{(c-x)^2}{(c-a)(c-b)} + \frac{(c-b)^2}{(c-a)(c-b)}$$

$$= 1 - \frac{(c-x)^2}{(c-a)(c-b)}$$

となり，以上をまとめると次のようになる．

$$F(x) = \begin{cases} 0 & (x < a) \\[2mm] \dfrac{(x-a)^2}{(c-a)(b-a)} & (a \le x \le b) \\[3mm] 1 - \dfrac{(c-x)^2}{(c-a)(c-b)} & (b \le x \le c) \\[2mm] 1 & (x > c) \end{cases}$$

この累積分布関数のグラフは図2.13のようになる．　　　Prog[2-8]

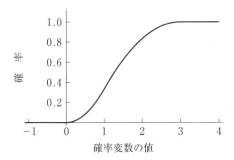

図 2.13

（4） 正規分布の累積分布関数

正規分布の累積分布関数は，次のように表せる．

$$F(x) = \int_{-\infty}^{x} \frac{1}{\sqrt{2\pi}\sigma} e^{-\frac{(t-m)^2}{2\sigma^2}} dt \tag{2.10}$$

(2.10) を**誤差関数**とよばれる

$$\mathrm{erf}(x) = \frac{2}{\sqrt{\pi}} \int_0^x e^{-t^2} dt$$

を使って表すことにする．

平均 m，標準偏差 σ の正規分布の累積分布関数は次のように表せる．

$$\begin{aligned}
F(x) &= \int_{-\infty}^{x} \frac{1}{\sqrt{2\pi}\sigma} e^{-\frac{(t-m)^2}{2\sigma^2}} dt \\
&= \int_{-\infty}^{m} \frac{1}{\sqrt{2\pi}\sigma} e^{-\frac{(t-m)^2}{2\sigma^2}} dt + \int_{m}^{x} \frac{1}{\sqrt{2\pi}\sigma} e^{-\frac{(t-m)^2}{2\sigma^2}} dt \\
&= \frac{1}{2} + \int_{m}^{x} \frac{1}{\sqrt{2\pi}\sigma} e^{-\frac{(t-m)^2}{2\sigma^2}} dt
\end{aligned}$$

はじめの項が $\frac{1}{2}$ になるのは，正規分布が，平均のところを境にして左右対称なので，平均値までの左半分の確率が $\frac{1}{2}$ になるからである．第2項の変形においては，$\frac{t-m}{\sqrt{2}\sigma} = s$ という変数変換を行って $dt = \sqrt{2}\sigma ds$ となる．

このとき，積分範囲は $t = m$ において $s = 0$，$t = x$ において $s = \frac{x-m}{\sqrt{2}\sigma}$ となるので，$F(x)$ は次のようになる．

$$\begin{aligned}
F(x) &= \frac{1}{2} + \frac{1}{2} \cdot \frac{2}{\sqrt{\pi}} \int_0^{\frac{x-m}{\sqrt{2}\sigma}} e^{-s^2} ds \\
&= \frac{1}{2}\left\{1 + \mathrm{erf}\left(\frac{x-m}{\sqrt{2}\sigma}\right)\right\}
\end{aligned}$$

正規分布の累積分布関数のグラフは図 2.14 のようになる．このグラフは分散 v と標準偏差 σ を $v = 100$, $\sigma = 10$ と一定にして，平均 m を変えた場合（$m = 20$ から $m = 70$ まで，10 刻み）である．平均の値が大きくなると，グラフは右に移動していくことがわかる． Prog[2-9]

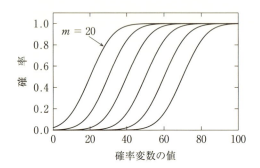

図 2.14

次は，平均を $m = 50$ と一定にして，標準偏差を変えた場合（$\sigma = 2$ から $\sigma = 24$ まで，4 刻み）である．標準偏差の値が大きくなっていくと，グラフは次第になだらかになっていくことがわかる（図 2.15）． Prog[2-10]

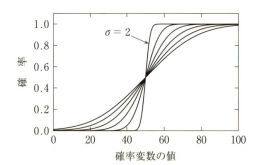

図 2.15

問題 2.4 確率変数 X の確率分布が次のようになっているとする．

X の値	10	20	60	70
確　率	0.1	0.5	0.1	0.3

このとき，X の累積分布関数を求めて，それを図示せよ．

問題 2.5 連続型確率変数 X の確率密度関数 $f(x)$ が

$$f(x) = \begin{cases} 0 & (x < 0) \\ \dfrac{1}{5} & (0 \leq x < 1) \\ \dfrac{1}{5}x & (1 \leq x < 2) \\ \dfrac{4}{5} - \dfrac{1}{5}x & (2 \leq x < 3) \\ \dfrac{1}{5} & (3 \leq x < 4) \\ 0 & (4 \leq x) \end{cases}$$

であり，X の確率分布のグラフが図 2.16 のようになっているとする．このとき，X の累積分布関数を求め，それを図示せよ．

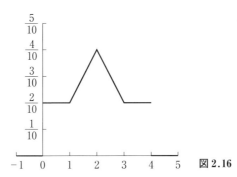

図 2.16

◆ **本章の内容** ◆

　確率変数は，ランダムに変化する量の大きさのことであったが，「大体どのくらいの値をとるのか」ということは，大事な視点である．この点から，本章では確率変数の期待値（平均値）について述べる．

　もう一つ，確率変数の変化の仕方が大きいのか，小さいのかということも大事な視点である．大きく変化した値をとるのか，それともほとんど変化しないかを分析するために，分散と，その平方根である標準偏差について述べる．

　最後に，確率変数列の収束について述べる．関数列の収束と異なり，確率論独特の収束概念がいろいろあるのである．

◆ **確率論の中での本章の位置づけ** ◆

　確率変数の振舞いを表す数値としては，期待値と分散が有効である．期待値と分散（標準偏差）を示すことで，この確率変数の大体の動きがわかる．確率変数の性質を調べるには，まず確率変数の重要な指標である期待値と分散を指定することからはじめる．そして，確率変数列の収束は，後で出てくる中心極限定理の説明に不可欠となる．

◆ **本章のゴール** ◆

　本章では，まず確率変数の期待値と分散の定義を理解し，その値を求められるようになること，また，代表的な分布の期待値と分散を求める式を実際の計算に活用できることが求められる．正規分布のいろいろな範囲の確率を，標準正規分布の表から求められるようになることもゴールの一つである．そして，確率変数列の収束では，いくつかの異なる定義を理解し，相互の関係等を理解することが求められる．

3.1 確率変数の期待値

ここでも，偶然現象の例を調べることからはじめて，公理系に基づく確率変数の期待値について述べる．

偶然現象の例の解析

最初に具体例として，サイコロを 100 回投げたときに，出た目の数の 10 倍を与える確率変数を考えて，その実験結果の値を列挙する．次に，この結果の平均値を求め，それを，各値が出る相対頻度で表す．

さらに，サイコロを投げる回数を増やし，1000 回投げたときの平均値，10000 回投げたときの平均値，100000 回投げたときの平均値を求める．

最後に，これらのことからわかることをまとめてみよう．

〈試行実験〉

サイコロを 100 回投げたときの結果が，例えば次のようになったとする．

Prog[3-1]

10, 40, 10, 10, 60, 20, 10, 10, 10, 30, 20, 20, 60, 30, 40, 10, 20, 10, 20,
20, 20, 60, 30, 20, 40, 30, 10, 40, 40, 50, 30, 60, 20, 30, 50, 10, 30,
60, 60, 50, 50, 30, 50, 60, 20, 40, 10, 20, 50, 60, 10, 20, 30, 10,
20, 60, 60, 50, 60, 20, 30, 50, 40, 50, 40, 10, 60, 20, 40, 20, 10, 30, 50,
30, 10, 20, 10, 60, 40, 60, 10, 60, 60, 50, 40, 50, 30, 20, 60, 10,
40, 50, 60, 40, 30

この 100 個の普通の平均値を求めるために，100 個の値を足して，100 で割り算する．

$$\frac{10 + 40 + 10 + 10 + 60 + \cdots + 40 + 50 + 60 + 40 + 30}{100} = 33.4$$

これより，100 個の確率変数の平均値は 33.4 であることがわかる．そして，この平均値は，次のように変形すると相対頻度で表すこともできる．

$$\frac{10 + 40 + 10 + 10 + 60 + \cdots + 40 + 50 + 60 + 40 + 30}{100}$$

$$= \frac{10 \times 20 + 20 \times 20 + 30 \times 16 + 40 \times 12 + 50 \times 14 + 60 \times 18}{100}$$

$$= 10 \times \frac{20}{100} + 20 \times \frac{20}{100} + 30 \times \frac{16}{100} + 40 \times \frac{12}{100} + 50 \times \frac{14}{100} + 60 \times \frac{18}{100}$$

$$= 10 \times (10 \text{の相対頻度}) + 20 \times (20 \text{の相対頻度}) + 30 \times (30 \text{の相対頻度})$$

$+ 40 \times$（40の相対頻度）$+ 50 \times$（50の相対頻度）$+ 60 \times$（60の相対頻度）

$= 33.4$

サイコロを投げる回数を 1000 回，10000 回，100000 回と増やしてみると，平均値は次の表のようになる．

投げた回数	10	100	1000	10000	100000
平均値	43	33.4	35.45	34.996	35.0469

〈データの整理と評価〉

1.3.1 項で述べたように，サイコロを投げる回数を増やすと，「相対頻度の値」は「確率の値」に近くなっていく．「相対頻度の値」を「確率の値」に置き換えたのが，「確率変数の**期待値**または**平均値**」であり，記号でそれぞれ $E(X)$, $M(X)$ などのように表す．

そこで，この記号を用いると，

$$E(X) = 10 \times P(X = 10) + 20 \times P(X = 20) + 30 \times P(X = 30)$$
$$+ 40 \times P(X = 40) + 50 \times P(X = 50) + 60 \times P(X = 60)$$

$$= 35 \quad （サイコロの各目の出る確率は等しく \frac{1}{6} とできる）$$

のように表すことができ，「確率変数 X の期待値 $E(X)$ とは，試行回数を増やしていったときに，確率変数のデータの「平均値」が近づいていく値である」ということがわかる．

確率変数の期待値の定義

確率空間 $(\Omega, \mathcal{F}, P)$ 上の確率変数 $X(\omega)$ に対して，「X の期待値 $E(X)$」は次のように離散型と連続型に分けて定義する．

（1） 確率空間 $(\Omega, \mathcal{F}, P)$ が離散型確率空間の場合

Ω が有限個または可算無限個でできていて，$\Omega = \{\omega_1, \omega_2, \omega_3, \cdots\}$ となっているとき，$x_k = X(\omega_k), p_k = P(\omega_k)$ とおく．

このとき，確率変数 $X(\omega)$ の期待値 $E(X)$ は

事　象	ω_1	ω_2	ω_3	$\cdots$
確率変数の値	x_1	x_2	x_3	$\cdots$
確　率	p_1	p_2	p_3	$\cdots$

3.1 確率変数の期待値

$$E(X) = x_1 p_1 + x_2 p_2 + x_3 p_3 + \cdots = \sum_{k=1}^{\infty} x_k p_k \qquad (3.1)$$

で定義される.

問題 3.1 サイコロ投げの偶然現象において, ⚀ が出たら 100, ⚁ が出たら 200, ⚂ が出たら 300, ⚃ が出たら 400, ⚄ が出たら 500, ⚅ が出たら 600 を与えるような確率変数 X の期待値を, 定義式 (3.1) から求めよ.

事　象	⚀	⚁	⚂	⚃	⚄	⚅
確率変数の値	100	200	300	400	500	600
確　率	$\frac{1}{6}$	$\frac{1}{6}$	$\frac{1}{6}$	$\frac{1}{6}$	$\frac{1}{6}$	$\frac{1}{6}$

（2） 確率空間 $(\Omega, \mathcal{F}, P)$ が連続型確率空間の場合

確率変数 X が平均値 50, 標準偏差 10 の正規分布に従うとき, ここからサンプルを 100 個, 1000 個, 10000 個, 100000 個取り出し, その平均値を求める. そして, これらの結果を表にまとめて, その変化を調べてみよう.

〈試行実験〉

サンプルを 100 個取り出したときの結果が, 例えば次のようになったとする（小数点以下を四捨五入）.　　　　　　　　　　　　　　　　Prog[3-2]

29, 32, 58, 32, 45, 58, 40, 67, 50, 59, 43, 64, 72, 31, 57, 53, 62, 67, 50, 70, 70, 62, 45, 68, 60, 24, 59, 28, 60, 45, 59, 46, 62, 48, 36, 44, 34, 59, 41, 34, 48, 65, 43, 40, 37, 41, 65, 55, 26, 54, 58, 52, 57, 57, 43, 51, 64, 57, 71, 55, 26, 47, 40, 60, 25, 63, 63, 60, 52, 58, 54, 55, 45, 45, 53, 34, 41, 49, 49, 40, 31, 44, 49, 48, 41, 66, 32, 36, 50, 39, 52, 58, 52, 44, 41, 54, 66, 59, 27, 40

このような数の羅列では様子がわからないので, 幅を 5 刻みにとって度数分布表をつくり, ヒストグラムを描いてみると図 3.1 のようになる.

X の値の区間	頻度	X の値の区間	頻度
$25 \leq x \leq 29$	7	$55 \leq x \leq 59$	17
$30 \leq x \leq 34$	8	$60 \leq x \leq 64$	11
$35 \leq x \leq 39$	4	$65 \leq x \leq 69$	7
$40 \leq x \leq 44$	16	$70 \leq x \leq 74$	3
$45 \leq x \leq 49$	13	$75 \leq x \leq 79$	1
$50 \leq x \leq 54$	13		

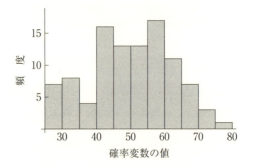

図 3.1

連続的な確率変数の期待値を離散型と同様の考え方で求めるには，このヒストグラムから平均値を求めればよく，各値が X の値の区間の中央にあるとして，次のように計算できる．

度数の総和 $= 27 \times 7 + 32 \times 8 + 37 \times 4 + 42 \times 16 + 47 \times 13 + 52 \times 13$
$\qquad\qquad\quad + 57 \times 17 + 63 \times 11 + 67 \times 7 + 72 \times 3 + 77 \times 1$

$\qquad\qquad = 4965$

平均値 $= \dfrac{4965}{100} = 49.65$

これを離散的な場合と同じように相対頻度で表すと

$$\text{平均値} = 27 \times \frac{7}{100} + 32 \times \frac{8}{100} + 37 \times \frac{4}{100} + 42 \times \frac{16}{100}$$
$$+ 47 \times \frac{13}{100} + 52 \times \frac{13}{100} + 57 \times \frac{17}{100} + 63 \times \frac{11}{100}$$
$$+ 67 \times \frac{7}{100} + 72 \times \frac{3}{100} + 77 \times \frac{1}{100}$$
$$= 49.65$$

となり，平均値は 49.65 で，50 に近いことがわかる．

さらに，サンプルを 1000 個，10000 個，100000 個取り出した試行における平均値が，例えば次のようになったとする．　　　　　　　　　Prog[3-3]

$\qquad\qquad$ 1000 個のとき：50.0293
$\qquad\qquad$ 10000 個のとき：50.1484
$\qquad\qquad$ 100000 個のとき：50.0224

〈データの整理と評価〉

試行実験の結果を表にしてみよう．

取り出したサンプルの数	100	1000	10000	100000
X の平均値	49.65	50.0293	50.1484	50.0224

これらの結果からわかることは，「確率変数の期待値とは，多数回投げたときの確率変数の平均値が近づいていく値」であるということである．

以上から，確率変数 X が連続型で，確率密度関数が $f(x)$ であるとき，確率変数 X の期待値である $E(X)$ は，次のように定義される．

$$E(X) = \int_{-\infty}^{\infty} x f(x) \, dx \tag{3.2}$$

離散型との関係は，ヒストグラムと積分の意味を思い起こせばわかる．積分というのは，x 軸を細かい区間 Δx に分け，そこでの高さ $f(x)$ と掛けて長方形の面積 $f(x) \Delta x$ を求め，それらを加えて，最終的には $\Delta x \to 0$ とした極限値であり，次のように表される．

$$E(X) = \int_{-\infty}^{\infty} x f(x) \, dx = \lim_{\Delta x \to 0} \sum_{x=a}^{b} x f(x) \Delta x$$

いまの場合，長方形の面積 $f(x) \Delta x$ は確率

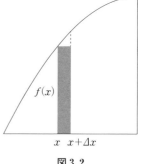

図 3.2

を表しているので，離散型の場合の式 (3.1) の p_k と同じ意味になる．そして，連続型の場合の $x f(x) \, dx$ が離散型の場合の $x_k p_k$ と同じ意味になる．

問題 3.2 連続型確率変数 X の確率密度関数 $f(x)$ が，

$$f(x) = \begin{cases} 0 & (x < 0) \\ \dfrac{1}{5} & (0 \leq x < 1) \\ \dfrac{1}{5}x & (1 \leq x < 2) \\ \dfrac{4}{5} - \dfrac{1}{5}x & (2 \leq x < 3) \\ \dfrac{1}{2} - \dfrac{1}{10}x & (3 \leq x < 5) \\ 0 & (5 \leq x) \end{cases}$$

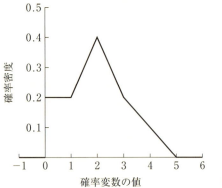

図 3.3

のとき，X の分布のグラフは図 3.3 のようになる．このとき，X の期待値 $E(X)$ を求めよ．

3.1.1 期待値の線形性

確率変数 X の分布が離散型でも連続型でも，次の性質が成り立つ．

$$E(X + Y) = E(X) + E(Y) \tag{3.3}$$

$$E(aX) = aE(X) \quad (a \text{ は定数}) \tag{3.4}$$

この 2 つを合わせて，確率変数の期待値の**線形性**という．証明は，離散型と連続型に分けて示す．

離散型の場合の証明 X と Y の分布が次のようになっているとする．

事象	ω_1	ω_2	ω_3	$\cdots$	ω_i
X の値	x_1	x_2	x_3	$\cdots$	x_i
確率	p_1	p_2	p_3	$\cdots$	$p_i = P(X = x_i)$

事象	ω_1	ω_2	ω_3	$\cdots$	ω_i
Y の値	y_1	y_2	y_3	$\cdots$	y_i
確率	q_1	q_2	q_3	$\cdots$	$q_i = P(Y = y_i)$

$$E(X + Y) = \sum_{i=1}^{\infty} \sum_{j=1}^{\infty} (x_i + y_j) \, P(X = x_i, \ Y = y_j)$$

$$= \sum_{i=1}^{\infty} \sum_{j=1}^{\infty} x_i P(X = x_i, \ Y = y_j) + \sum_{i=1}^{\infty} \sum_{j=1}^{\infty} y_j P(X = x_i, \ Y = y_j)$$

ここで，$\sum_{j=1}^{\infty} x_{i=1} P(X = x_{i=1},\ Y = y_j)$ は，y_j についてすべてを加えるので，

$$\sum_{j=1}^{\infty} x_i P(X = x_i, Y = y_j) = x_i P(X = x_i)$$

となり，同様にして，次の式も成り立つ．

$$\sum_{i=1}^{\infty} y_j P(X = x_i,\ Y = y_j) = y_j P(Y = y_j)$$

したがって，これらを代入すると，(3.3) と (3.4) が得られる．

$$E(X + Y) = \sum_{i=1}^{\infty} x_i P(X = x_i) + \sum_{j=1}^{\infty} y_j P(Y = y_j)$$

$$= E(X) + E(Y)$$

$$E(aX) = \sum_{i=1}^{\infty} a x_i P(X = x_i)$$

$$= a \sum_{i=1}^{\infty} x_i P(X = x_i)$$

$$= a E(X) \qquad \boxed{終}$$

$\boxed{\text{連続型の場合の証明}}$　X の確率密度関数を $f_X(x)$，Y の確率密度関数を $f_Y(x)$，(X, Y) の確率密度関数を $f_{X,Y}(x, y)$ とすると，連続型では離散型の場合の $\sum$ を $\int$ に置き換えるだけで証明できるが，念のため示しておく．

$$E(X + Y) = \int_{-\infty}^{\infty} \left\{ \int_{-\infty}^{\infty} (x + y) f_{X,Y}(x, y)\ dy \right\} dx$$

$$= \int_{-\infty}^{\infty} \left\{ \int_{-\infty}^{\infty} x f_{X,Y}(x, y)\ dy \right\} dx + \int_{-\infty}^{\infty} \left\{ \int_{-\infty}^{\infty} y f_{X,Y}(x, y)\ dx \right\} dy$$

$$= \int_{-\infty}^{\infty} x \left\{ \int_{-\infty}^{\infty} f_{X,Y}(x, y)\ dy \right\} dx + \int_{-\infty}^{\infty} y \left\{ \int_{-\infty}^{\infty} f_{X,Y}(x, y)\ dx \right\} dy$$

$$= \int_{-\infty}^{\infty} x f_X(x)\ dx + \int_{-\infty}^{\infty} y f_Y(y)\ dy = E(X) + E(Y)$$

$$E(aX) = \int_{-\infty}^{\infty} a f_X(x)\ dx = a \int_{-\infty}^{\infty} f_X(x)\ dx = aE(X) \qquad \boxed{終}$$

$\boxed{\text{問題 3.3}}$　年末に，ある駅の北側の商店街 A と南側の商店街 B で，10000 円以上買い物した人に「くじ」を配っている．商店街 A の当選金額 X と当たる確率は

X の値	10000	20000	30000	40000	50000
確　率	0.3	0.3	0.2	0.1	0.1

60 第 3 章　確率変数の期待値と分散

商店街 B の当選金額 Y と当たる確率は

Y の値	10000	20000	30000	40000	50000
確　率	0.5	0.3	0.1	0.05	0.05

のようになっているとする.

（1）　期待値で判断すると，どちらのくじを引く方が得か.

（2）　商店街 A のくじと商店街 B のくじをもっている人は，両方使うと期待値はいくらになるか.

（3）　商店街 A のくじを 3 枚もっている人の，3 枚合わせたくじの当選金額の期待値はいくらか.

問題 3.4　ある試験の結果，数学の得点 X は期待値が 40 点の確率分布をし，国語の得点 Y は期待値が 55 点の確率分布であった. 数学の得点と国語の得点を合わせた合計得点の期待値はいくらになるか.

一様分布の期待値

2.1.3 項で述べたように，a から b までの一様分布というのは，グラフが図 2.5 のようになっている分布であった. また，この分布の確率密度関数 $f(x)$ は

$$f(x) = \begin{cases} 0 & (x < a) \\ \dfrac{1}{b-a} & (a \leq x \leq b) \\ 0 & (b < x) \end{cases}$$

で表されるから，一様分布の期待値は，定義式 (3.2) から

$$
\begin{aligned}
m = E(X) &= \int_{-\infty}^{\infty} x f(x)\, dx \\
&= \int_{-\infty}^{a} x f(x)\, dx + \int_{a}^{b} x f(x)\, dx + \int_{b}^{\infty} x f(x)\, dx \\
&= \int_{-\infty}^{a} (ax \times 0)\, dx + \int_{a}^{b} \left(x \times \frac{1}{b-a} \right) dx + \int_{b}^{\infty} (x \times 0)\, dx \\
&= \frac{1}{b-a} \int_{a}^{b} x\, dx \tag{3.5}
\end{aligned}
$$

となる.

ここで，x の不定積分は，$\int x\,dx = \dfrac{x^2}{2} + C$ であったから，x の定積分は次のようになる．

$$m = \frac{1}{b-a} \times \left[\frac{x^2}{2}\right]_a^b = \frac{1}{b-a} \times \left(\frac{b^2 - a^2}{2}\right)$$

$$= \frac{1}{b-a} \times \frac{(b+a)(b-a)}{2} = \frac{b+a}{2}$$

三角分布の期待値

2.1.3 項で述べたように，1 から 2 までの三角分布というのは，グラフが図 2.6 のようになっている分布であった．また，この分布の確率密度関数 $f(x)$ は

$$f(x) = \begin{cases} 0 & (x < 0) \\ x & (0 \le x \le 1) \\ -x+2 & (1 \le x \le 2) \\ 0 & (2 < x) \end{cases}$$

で表されるから，この三角分布の期待値 m は次のようになる．

$$m = \int_{-\infty}^{0} x \cdot 0\,dx + \int_0^1 x \cdot x\,dx + \int_1^2 x \cdot (-x+2)\,dx + \int_2^{\infty} x \cdot 0\,dx$$

$$= \int_0^1 x^2\,dx + \int_1^2 (2x - x^2)\,dx = \left[\frac{x^3}{3}\right]_0^1 + \left[x^2 - \frac{x^3}{3}\right]_1^2$$

$$= \frac{1}{3} + 4 - \frac{8}{3} - 1 + \frac{1}{3} = 1 \tag{3.6}$$

正規分布の期待値

1.4.2 項で述べたように，確率密度関数が

$$f(x) = \frac{1}{\sqrt{2\pi v}}\, e^{-\frac{(x-m)^2}{2v}} = \frac{1}{\sqrt{2\pi}\,\sigma}\, e^{-\frac{(x-m)^2}{2\sigma^2}}$$

のようになる連続分布を，パラメータの期待値が m，分散が v，標準偏差が σ の正規分布という．この分布の期待値が本当に m になること，つまり，次の式が成り立つことを確かめてみよう．

$$\int_{-\infty}^{\infty} x\,f(x)\,dx = \int_{-\infty}^{\infty} x\,\frac{1}{\sqrt{2\pi v}}\, e^{-\frac{(x-m)^2}{2v}}\,dx$$

$$= m$$

証明 いま，$x - m = y$ すなわち $x = y + m$ と置換積分すると $dx = dy$ とな

り，積分範囲は同じく $-\infty$ から ∞ までになるので，

$$\int_{-\infty}^{\infty} x\,\frac{1}{\sqrt{2\pi v}}\,e^{-\frac{(x-m)^2}{2v}}\,dx = \int_{-\infty}^{\infty} (y+m)\,\frac{1}{\sqrt{2\pi v}}\,e^{-\frac{y^2}{2v}}\,dy$$

$$= \int_{-\infty}^{\infty} y\cdot\frac{1}{\sqrt{2\pi v}}\,e^{-\frac{y^2}{2v}}\,dy + m\int_{-\infty}^{\infty} \frac{1}{\sqrt{2\pi v}}\,e^{-\frac{y^2}{2v}}\,dy$$

$$= 0 + m = m$$

ここで，最後の積分で，

$$\int_{-\infty}^{\infty} y\cdot\frac{1}{\sqrt{2\pi v}}\,e^{-\frac{y^2}{2v}}\,dy = 0$$

となるのは，y は奇関数で，$e^{-\frac{y^2}{2v}}$ は偶関数なので，その積は奇関数（$f(x)$ が奇関数とは，$f(-x) = -f(x)$ が成り立つとき）となり，奇関数の積分は 0 となるからである．奇関数というのは原点に関して対称で，$-a$ から a までの積分が 0 となる関数である．また，第 2 項は，全確率が 1 であることからわかる． 終

指数分布の期待値

2.1.3 項で述べたように，パラメータ $\lambda > 0$ の指数分布の密度関数は

$$f(x) = \begin{cases} \lambda e^{-\lambda x} & (x \geq 0) \\ 0 & (x < 0) \end{cases}$$

のように表されるものであるが，確率変数 X がパラメータ λ の指数分布をするとき，その期待値が $\dfrac{1}{\lambda}$ になることは次の計算からわかる．

$$E(X) = \int_0^\infty \lambda e^{-\lambda x}\cdot x\,dx = \lambda\left(\left[\frac{e^{-\lambda x}}{-\lambda}\cdot x\right]_0^\infty - \int_0^\infty \frac{e^{-\lambda x}}{-\lambda}\cdot 1\,dx\right)$$

$$= \lambda\left[-\frac{e^{-\lambda x}}{\lambda}\cdot x - \frac{1}{\lambda^2}\cdot e^{-\lambda x}\right]_0^\infty = \lambda\left(0 - 0 + 0 + \frac{1}{\lambda^2}\right)$$

$$= \frac{1}{\lambda}$$

3.1.2 確率変数の独立性

1.5.3 項で述べたように，2 つの事象 A, B が独立であるとは，次の式が成り立つことであった．

$$P(A \cap B) = P(A)P(B)$$

このことから，2 つの離散型確率変数 X と Y が独立であるとは，任意の

x_i, y_j に対して，次の式が成り立つことである．

$$P((X = x_i) \cap (Y = y_j)) = P(X = x_i) P(Y = y_j)$$

このとき，$E(XY) = E(X)E(Y)$ が成り立ち，証明は次のようになる．

[証明]

$$E(XY) = \sum_{i,j} x_i y_j P(X = x_i, Y = y_j) = \sum_i \sum_j x_i y_j \{P(X = x_i) P(Y = y_j)\}$$

$$= \sum_i x_i P(X = x_i) \sum_j y_j P(Y = y_j) = \sum_i x_i \{P(X = x_i) E(Y)\}$$

$$= E(Y) \sum_i x_i P(X = x_i) = E(X) E(Y)$$ [終]

2つの連続型確率変数 X と Y が独立であるとは，X の確率密度関数を $f_X(x)$，Y の確率密度関数を $f_Y(y)$ とするとき，任意の x_i, y_j に対して，

$$f_{X,Y}(x, y) = f_X(x) f_Y(y)$$

が成り立つことである．X と Y が独立ならば，$E(XY) = E(X)E(Y)$ が成り立つ．

証明は，上に示した離散型の場合とほとんど同じである．

[証明]

$$E(XY) = \int_{-\infty}^{\infty} \int_{-\infty}^{\infty} xy \, f_{X,Y}(x, y) \, dx \, dy = \int_{-\infty}^{\infty} \int_{-\infty}^{\infty} xy \, f_X(x) \, f_Y(y) \, dx \, dy$$

$$= \int_{-\infty}^{\infty} y \, f_Y(y) \, dy \int_{-\infty}^{\infty} x \, f_X(x) \, dx = E(X) \int_{-\infty}^{\infty} y \, f_Y(y) \, dy$$

$$= E(X) \, E(Y)$$ [終]

問題 3.5 あるゲームセンターには，子供用のゲーム機 A と，親用のゲーム機 B がある．子供用のゲーム機での得点 X の確率分布は，

X の値	1	2	3	4	5	6
確　率	0.2	0.25	0.1	0.1	0.25	0.1

親用のゲーム機での得点 Y の確率分布は

Y の値	0	10	20	30	40	50
確　率	0.1	0.2	0.3	0.2	0.1	0.1

のようになっていたとする.

このゲームセンターでは,子供の得点と親の得点を掛け算した得点に応じてプレゼントを配っているとすると,親子がもらえるプレゼントの元になる得点の期待値はいくらか.

なお,子供用のゲーム機と親用のゲーム機は独立しているので,XとYには何の関係もないものとする.

3.2 確率変数の分散と標準偏差

3.2.1 具体例からの分散の導入

2つの確率変数の期待値が同じでも,非常に異なる分布をする場合がある.次のような2つの確率変数X, Yの違いを調べてみよう.

X の値	0	1	2	3	4	5	6	7	8	9	10
確 率	$\frac{1}{30}$	$\frac{1}{30}$	$\frac{2}{30}$	$\frac{3}{30}$	$\frac{4}{30}$	$\frac{8}{30}$	$\frac{4}{30}$	$\frac{3}{30}$	$\frac{2}{30}$	$\frac{1}{30}$	$\frac{1}{30}$

Y の値	0	1	2	3	4	5	6	7	8	9	10
確 率	$\frac{0}{30}$	$\frac{0}{30}$	$\frac{0}{30}$	$\frac{0}{30}$	$\frac{8}{30}$	$\frac{14}{30}$	$\frac{8}{30}$	$\frac{0}{30}$	$\frac{0}{30}$	$\frac{0}{30}$	$\frac{0}{30}$

XもYも,5を中心として左右対称な分布なので,期待値は同じ5になることがわかるが,実際に定義に基づいて計算しても,

$$E(X) = 0 \times \frac{1}{30} + 1 \times \frac{1}{30} + 2 \times \frac{2}{30} + 3 \times \frac{3}{30} + 4 \times \frac{4}{30} + 5 \times \frac{8}{30}$$
$$+ 6 \times \frac{4}{30} + 7 \times \frac{3}{30} + 8 \times \frac{2}{30} + 9 \times \frac{1}{30} + 10 \times \frac{1}{30}$$
$$= 5$$

$$E(Y) = 0 \times \frac{0}{30} + 1 \times \frac{0}{30} + 2 \times \frac{0}{30} + 3 \times \frac{0}{30} + 4 \times \frac{8}{30} + 5 \times \frac{14}{30}$$
$$+ 6 \times \frac{8}{30} + 7 \times \frac{0}{30} + 8 \times \frac{0}{30} + 9 \times \frac{0}{30} + 10 \times \frac{0}{30}$$
$$= 5$$

3.2 確率変数の分散と標準偏差

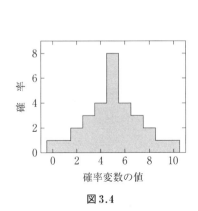

図 3.4

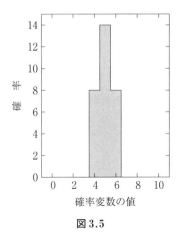

図 3.5

となり，やはり同じ 5 になることがわかる．しかし，分布の仕方はかなり異なっていて，X の方は広い範囲に分布しているが（図 3.4），Y は狭い範囲にしか分布していない（図 3.5）．この違いを表す指標（数値）はいくつかあるが，ここでは，最も重要な「分散」と「標準偏差」について述べる．

この例では，確率変数の値が期待値からどれだけ離れているかを表す値の 2 乗の確率分布表は次のようになる．ただし，上で述べたように，期待値は $E(X) = E(Y) = m = 5$ である．

X, Y の値	0	1	2	3	4	5	6	7	8	9	10
$(X-m)^2$ の値	25	16	9	4	1	0	1	4	9	16	25
X の確率	$\frac{1}{30}$	$\frac{1}{30}$	$\frac{2}{30}$	$\frac{3}{30}$	$\frac{4}{30}$	$\frac{8}{30}$	$\frac{4}{30}$	$\frac{3}{30}$	$\frac{2}{30}$	$\frac{1}{30}$	$\frac{1}{30}$
$(Y-m)^2$ の値	25	16	9	4	1	0	1	4	9	16	25
Y の確率	$\frac{0}{30}$	$\frac{0}{30}$	$\frac{0}{30}$	$\frac{0}{30}$	$\frac{8}{30}$	$\frac{14}{30}$	$\frac{8}{30}$	$\frac{0}{30}$	$\frac{0}{30}$	$\frac{0}{30}$	$\frac{0}{30}$

ここで，$(X-m)^2$ の期待値は，$(X-m)^2$ の値にその確率を掛けて加えたものなので，

$$E((X-m)^2) = 25 \times \frac{1}{30} + 16 \times \frac{1}{30} + 9 \times \frac{2}{30} + 4 \times \frac{3}{30}$$
$$+ 1 \times \frac{4}{30} + 0 \times \frac{8}{30} + 1 \times \frac{4}{30} + 4 \times \frac{3}{30}$$

$$+ 9 \times \frac{2}{30} + 16 \times \frac{1}{30} + 25 \times \frac{1}{30}$$

$$= 5$$

となり，この値を確率変数 X の**分散**といい，$V(X)$ で表す．すなわち，分散とは，「確率変数の値が期待値からどれだけ離れているかを表す値の 2 乗の期待値を計算したもの」である．

同様にして，$(Y - m)^2$ の期待値は，$(Y - m)^2$ の値にその確率を掛けて加えればよいので

$$
\begin{aligned}
E((Y - m)^2) = {} & 25 \times \frac{0}{30} + 16 \times \frac{0}{30} + 9 \times \frac{0}{30} + 4 \times \frac{0}{30} \\
& + 1 \times \frac{8}{30} + 0 \times \frac{14}{30} + 1 \times \frac{8}{30} + 4 \times \frac{0}{30} \\
& + 9 \times \frac{0}{30} + 16 \times \frac{0}{30} + 25 \times \frac{0}{30} \\
= {} & \frac{8}{15} = 0.5333
\end{aligned}
$$

となり，この値が確率変数 Y の分散であり，$V(Y)$ で表す．

分散の値は $X - m$ を 2 乗しているので，値が大きくなってしまうことも多い．そこで，分散の平方根をとった**標準偏差**とよばれるものを使うことも多く，記号では σ を使って $\sigma(X)$，$\sigma(Y)$ などのように表す．

上の例では，標準偏差の値は次のようになる．

$$\sigma(X) = \sqrt{E((X - m)^2)} = \sqrt{5} = 2.23607$$

$$\sigma(Y) = \sqrt{E((Y - m)^2)} = \sqrt{\frac{8}{15}} = 0.730297$$

分散も標準偏差も，「確率変数の分布が平均値からどの程度散らばっているかを表すもの」である．

3.2.2 確率変数の分散と標準偏差の定義

いままでは，確率変数の分散と標準偏差を具体例に基づいて述べてきたが，ここでは公理系に基づいて理論的な定義をしておこう．

確率空間 $(\Omega, \mathcal{F}, P)$ で定義された確率変数 $X(\omega)$ があるとき，X の期待

3.2 確率変数の分散と標準偏差 67

値 $E(X)$ を $m = E(X)$ とおき，確率空間が離散型の場合と連続型の場合を区別して定義する．

確率空間 $(\Omega, \mathcal{F}, P)$ が離散型確率空間の場合

いま，Ω が有限個または可算無限個の要素でできていて，$\Omega = \{\omega_1, \omega_2, \omega_3, \cdots\}$ となっている場合を考え，$x_k = X(\omega_k)$，$p_k = P(\omega_k)$ とおく．

事　象	ω_1	ω_2	ω_3	$\cdots$
確率変数の値	x_1	x_2	x_3	$\cdots$
確　率	p_1	p_2	p_3	$\cdots$

このとき，(3.1)より確率変数 $X(\omega)$ の期待値 $m = E(X)$ は，

$$m = E(X) = x_1 p_1 + x_2 p_2 + x_3 p_3 + \cdots = \sum_{k=1}^{\infty} x_k p_k$$

となり，確率変数 X の分散 $v = V(X)$ は

$$v = V(X)$$
$$= (x_1 - m)^2 p_1 + (x_2 - m)^2 p_2 + \cdots + (X_n - n)^2 p_n + \cdots$$
$$= \sum_{k=1}^{\infty} (x_k - m)^2 p_k \tag{3.7}$$

のように定義する．この意味は，「確率変数の各値と平均との差の2乗を平均した値」ということである．

このとき，確率変数 X の標準偏差 σ は次のように定義される．

$$\sigma(X) = \sqrt{V(X)} \tag{3.8}$$

分散の定義は，統計学において n 個のデータ $x_1, x_2, \cdots, x_n$ の分散が次のように定義されるのと同じである（$p_k = \dfrac{1}{n}$ として）．

$$v = \frac{(x_1 - m)^2 + (x_2 - m)^2 + \cdots + (x_n - m)^2}{n}$$

例えば，サイコロ投げの偶然現象において，⚀ が出たら 10，⚁ が出たら 20，⚂ が出たら 30，⚃ が出たら 40，⚄ が出たら 50，⚅ が出たら 60 を与えるような確率変数 X の分散を定義から求めてみると，X の期待値は $m = E(X) = 35$ であった(3.1 節を参照)．　　　　　　　　Prog[3-4]

第3章 確率変数の期待値と分散

事 象	⚀	⚁	⚂	⚃	⚄	⚅
確率変数の値	10	20	30	40	50	60
確 率	$\frac{1}{6}$	$\frac{1}{6}$	$\frac{1}{6}$	$\frac{1}{6}$	$\frac{1}{6}$	$\frac{1}{6}$

よって，確率変数 X の分散は (3.7) より次のように計算できる．

$$v = V(X)$$

$$= (10 - 35)^2 \times \frac{1}{6} + (20 - 35)^2 \times \frac{1}{6} + (30 - 35)^2 \times \frac{1}{6}$$

$$+ (40 - 35)^2 \times \frac{1}{6} + (50 - 35)^2 \times \frac{1}{6} + (60 - 35)^2 \times \frac{1}{6}$$

$$= \frac{875}{3} \fallingdotseq 291.667 \tag{3.9}$$

Prog[3-5]

標準偏差は，(3.8) より

$$\sigma = \sqrt{\frac{875}{3}} = \sqrt{291.667} \fallingdotseq 17.0783$$

となる．
Prog[3-6]

X のとりうる値は同じでも，確率が違えば異なる確率変数であるから，期待値と分散と標準偏差の値も異なってくる．例えば，次のような確率変数の期待値と分散と標準偏差を計算してみよう．
Prog[3-7]

事 象	⚀	⚁	⚂	⚃	⚄	⚅
確率変数の値	10	20	30	40	50	60
確 率	$\frac{10}{36}$	$\frac{5}{36}$	$\frac{3}{36}$	$\frac{3}{36}$	$\frac{5}{36}$	$\frac{10}{36}$

このとき，X の期待値は $m = E(X) = 35$ で，確率変数 X の分散は

$$v = V(X)$$

$$= (10 - 35)^2 \times \frac{10}{36} + (20 - 35)^2 \times \frac{5}{36} + (30 - 35)^2 \times \frac{3}{36}$$

$$+ (40 - 35)^2 \times \frac{3}{36} + (50 - 35)^2 \times \frac{5}{36} + (60 - 35)^2 \times \frac{10}{36}$$

$$= \frac{3725}{9} \fallingdotseq 413.889$$

標準偏差は

3.2 確率変数の分散と標準偏差　　　　69

$$\sigma = \sqrt{\frac{3725}{9}} \fallingdotseq \sqrt{413.889} \fallingdotseq 20.3443$$

となり，(3.9) で示した普通のサイコロ投げとは異なる結果になる．

問題 3.6　確率変数 X の確率分布が次のようになっている．

確率変数の値	10	20	30	40
確　率	$\frac{2}{10}$	$\frac{3}{10}$	$\frac{4}{10}$	$\frac{1}{10}$

（1）　X の期待値 $m = E(X)$ を求めよ．

（2）　X の分散 $V(X)$ を求めよ．

（3）　X の標準偏差 $\sigma(X)$ を求めよ．

問題 3.7　次の問いに答えよ．

（1）　サイコロを 100 回投げたとき，出た目の数の 10 倍を与える確率変数の値を列挙し，その平均値を求めよ．

（2）　（1）の結果を用いて，（1）のデータの分散と標準偏差を求めよ．

（3）　サイコロを 1000 回，10000 回，100000 回投げたときの平均値と分散と標準偏差を求めよ．

（4）　理論的な期待値と分散と標準偏差を求めよ．

（5）　（3）と（4）の結果からわかることをまとめよ．

確率空間 $(\Omega, \mathcal{F}, P)$ が確率密度関数 $f(x)$ をもつ連続型確率空間の場合

連続型の分散は，離散型と同じように，「平均値との差の 2 乗の期待値」であるが，(3.7) の $\sum$ が $\int$ に変わるので，$m = E(X)$ として，

$$V(X) = \int_{-\infty}^{\infty} (x - m)^2 f(x) \, dx$$

のように定義される．また，標準偏差は離散型と同じく，分散の平方根 $\sigma(X) = \sqrt{V(X)}$ である．

正規分布の分散と標準偏差

2.1.3 項で述べたように，パラメータが m と v の場合の正規分布の確率密度関数は

$$f(x) = \frac{1}{\sqrt{2\pi v}} \, e^{-\frac{(x-m)^2}{2v}} = \frac{1}{\sqrt{2\pi}\,\sigma} \, e^{-\frac{(x-m)^2}{2\sigma^2}}$$

のように表され，$m = 0$，$v = 1$，$\sigma = 1$ となる正規分布を，特に**標準正規分布**とよぶ．この場合の分散が v，標準偏差が σ になることを確かめてみよう．

まず，分散の定義に従って，次の式を計算する．

$$V(X) = \int_{-\infty}^{\infty} (x-m)^2 \frac{1}{\sqrt{2\pi}\,\sigma} \, e^{-\frac{(x-m)^2}{2\sigma^2}} \, dx = \frac{1}{\sqrt{2\pi}\,\sigma} \int_{-\infty}^{\infty} (x-m)^2 \, e^{-\frac{(x-m)^2}{2\sigma^2}} \, dx$$

ここで，$y = \dfrac{x-m}{\sigma}$ という置換を行うと，$x = m + \sigma y$，$dx = \sigma \, dy$ となり，

$$V(X) = \frac{1}{\sqrt{2\pi}\,\sigma} \int_{-\infty}^{\infty} \sigma^2 y^2 e^{-y^2} \, \sigma \, dy = \frac{\sigma^2}{\sqrt{2\pi}} \int_{-\infty}^{\infty} y^2 e^{-y^2} \, dy$$

と表される．さらに，部分積分の公式

$$\int_a^b f(x) \, g'(x) \, dx = \int_a^b (f(x) \, g(x))' \, dx - \int_a^b f(x) \, g'(x) \, dx$$

$$= [f(x) \, g(x)]_a^b - \int_a^b f(x) \, g'(x) \, dx$$

と，分散の計算において $f(y) = -y$，$g(y) = e^{-\frac{y^2}{2}}$ とおくと，

$$g'(y) = (-y) \times e^{-\frac{y^2}{2}}$$

となるので，

$$V(X) = \frac{\sigma^2}{\sqrt{2\pi}} \int_{-\infty}^{\infty} y^2 e^{-y^2} \, dy$$

$$= \frac{\sigma^2}{\sqrt{2\pi}} \int_{-\infty}^{\infty} (-y) \times \left(-ye^{-\frac{y^2}{2}} \right) dy = \frac{\sigma^2}{\sqrt{2\pi}} \int_{-\infty}^{\infty} (-y) \times \left(e^{-\frac{y^2}{2}} \right)' dy$$

$$= \frac{\sigma^2}{\sqrt{2\pi}} \left[(-y) e^{-\frac{y^2}{2}} \right]_{-\infty}^{\infty} - \frac{\sigma^2}{\sqrt{2\pi}} \int_{-\infty}^{\infty} (-1) \times e^{-\frac{y^2}{2}} \, dy$$

$$= 0 + \sigma^2 \times \frac{1}{\sqrt{2\pi}} \int_{-\infty}^{\infty} e^{-\frac{y^2}{2}} \, dy$$

$$= \sigma^2 = v$$

が得られる．

この式の計算では，奇関数の積分は 0 となること，平均値 0，標準偏差 1 の標準正規分布の全確率の式は 1 となることを使った．

これで，分散が $v = \sigma^2$，標準偏差が σ であることが確かめられた．なお，次の表は，平均 0，標準偏差 1 の標準正規分布で，$P(0 \leq X \leq t)$ の確率の

3.2 確率変数の分散と標準偏差 71

	0.00	0.01	0.02	0.03	0.04	0.05	0.06	0.07	0.08	0.09
0.0	0.0000	0.0039	0.0079	0.0119	0.0159	0.0199	0.0239	0.0279	0.0318	0.0358
0.1	0.0398	0.0437	0.0477	0.0517	0.0556	0.0596	0.0635	0.0674	0.0714	0.0753
0.2	0.0792	0.0831	0.0870	0.0909	0.0948	0.0987	0.1025	0.1064	0.1102	0.1140
0.3	0.1179	0.1217	0.1255	0.1293	0.1330	0.1368	0.1405	0.1443	0.1480	0.1517
0.4	0.1554	0.1590	0.1627	0.1664	0.1700	0.1736	0.1772	0.1808	0.1843	0.1879
0.5	0.1914	0.1949	0.1984	0.2019	0.2054	0.2088	0.2122	0.2156	0.2190	0.2224
0.6	0.2257	0.2290	0.2323	0.2356	0.2389	0.2421	0.2453	0.2485	0.2517	0.2549
0.7	0.2580	0.2611	0.2642	0.2673	0.2703	0.2733	0.2763	0.2793	0.2823	0.2852
0.8	0.2881	0.2910	0.2938	0.2967	0.2995	0.3023	0.3051	0.3078	0.3105	0.3132
0.9	0.3159	0.3185	0.3212	0.3238	0.3263	0.3289	0.3314	0.3339	0.3364	0.3389
1.0	0.3413	0.3437	0.3461	0.3484	0.3508	0.3531	0.3554	0.3576	0.3599	0.3621
1.1	0.3643	0.3665	0.3686	0.3707	0.3728	0.3749	0.3769	0.3789	0.3809	0.3829
1.2	0.3849	0.3868	0.3887	0.3906	0.3925	0.3943	0.3961	0.3979	0.3997	0.4014
1.3	0.4031	0.4049	0.4065	0.4082	0.4098	0.4114	0.4130	0.4146	0.4162	0.4177
1.4	0.4192	0.4207	0.4221	0.4236	0.4250	0.4264	0.4278	0.4292	0.4305	0.4318
1.5	0.4331	0.4344	0.4357	0.4369	0.4382	0.4394	0.4406	0.4417	0.4429	0.4440
1.6	0.4452	0.4463	0.4473	0.4484	0.4494	0.4505	0.4515	0.4525	0.4535	0.4544
1.7	0.4554	0.4563	0.4572	0.4581	0.4590	0.4599	0.4607	0.4616	0.4624	0.4632
1.8	0.4640	0.4648	0.4656	0.4663	0.4671	0.4678	0.4685	0.4692	0.4699	0.4706
1.9	0.4712	0.4719	0.4725	0.4731	0.4738	0.4744	0.4750	0.4755	0.4761	0.4767
2.0	0.4772	0.4777	0.4783	0.4788	0.4793	0.4798	0.4803	0.4807	0.4812	0.4816
2.1	0.4821	0.4825	0.4829	0.4834	0.4838	0.4842	0.4846	0.4849	0.4853	0.4857
2.2	0.4860	0.4864	0.4867	0.4871	0.4874	0.4877	0.4880	0.4883	0.4886	0.4889
2.3	0.4892	0.4895	0.4898	0.4900	0.4903	0.4906	0.4908	0.4911	0.4913	0.4915
2.4	0.4918	0.4920	0.4922	0.4924	0.4926	0.4928	0.4930	0.4932	0.4934	0.4936
2.5	0.4937	0.4939	0.4941	0.4942	0.4944	0.4946	0.4947	0.4949	0.4950	0.4952
2.6	0.4953	0.4954	0.4956	0.4957	0.4958	0.4959	0.4960	0.4962	0.4963	0.4964
2.7	0.4965	0.4966	0.4967	0.4968	0.4969	0.4970	0.4971	0.4971	0.4972	0.4973
2.8	0.4974	0.4975	0.4975	0.4976	0.4977	0.4978	0.4978	0.4979	0.4980	0.4980
2.9	0.4981	0.4981	0.4982	0.4983	0.4983	0.4984	0.4984	0.4985	0.4985	0.4986
3.0	0.4986	0.4986	0.4987	0.4987	0.4988	0.4988	0.4988	0.4989	0.4989	0.4989
3.1	0.4990	0.4990	0.4990	0.4991	0.4991	0.4991	0.4992	0.4992	0.4992	0.4992

値を示している．表の見方は，例えば $P(0 \le 2.43)$ の値を知りたいときは，一番左の列の中から 2.4 を探し，その列から上の段で 0.03 のところに位置する数値 0.4924 をみつければよい．

問題 3.8 確率変数 X が標準正規分布をするとき，次の確率を標準正規分布の表から求めよ．

（ 1 ） $P(0 \leq X \leq 1.53)$　　（ 2 ）　$P(1.19 \leq X \leq 2.35)$

（ 3 ） $P(-1.63 \leq X \leq 1.41)$　（ 4 ）　$P(X \geq 1.59)$

（ 5 ） $P(X \leq 1.05)$

指数分布の分散と標準偏差

2.1.3 項で述べたように，パラメータ λ の指数分布の確率密度関数は

$$f(x) = \begin{cases} \lambda e^{-\lambda x} & (x \geq 0) \\ 0 & (x < 0) \end{cases}$$

であり，分散 $V(X)$ と標準偏差 $\sigma(X)$ は次のように計算される（$V(X)$ の計算では，途中で部分積分の公式を 2 回使っている）．

$$\begin{aligned}
V(X) &= E(X^2) - \{E(X)\}^2 = \int_0^\infty \lambda e^{-\lambda x} x^2 \, dx - \left(\frac{1}{\lambda}\right)^2 \\
&= \left[\lambda\left(\frac{e^{-\lambda x}}{-\lambda} \cdot x^2 - \int_0^\infty \frac{e^{-\lambda x}}{-\lambda} \cdot 2x \, dx\right)\right]_0^\infty - \frac{1}{\lambda^2} \\
&= \left[\lambda\left\{\frac{e^{-\lambda x}}{-\lambda} \cdot x^2 + \frac{2}{\lambda}\left(\frac{e^{-\lambda x}}{-\lambda} \cdot x - \int_0^\infty \frac{e^{-\lambda x}}{-\lambda} \cdot 1 \, dx\right)\right\}\right]_0^\infty - \frac{1}{\lambda^2} \\
&= \lambda \cdot \frac{2}{\lambda^2}\left[\frac{e^{-\lambda x}}{-\lambda}\right]_0^\infty - \frac{1}{\lambda^2} \\
&= \frac{1}{\lambda^2}
\end{aligned}$$

$$\sigma(X) = \sqrt{V(X)} = \sqrt{\frac{1}{\lambda^2}} = \frac{1}{\lambda}$$

3.2.3 分散の性質

確率変数 X の平均を $m = E(X)$ とするとき，分散 $V(X) = E((X - m)^2)$ について，次の性質が成り立つ．

1. $V(X + b) = V(X)$　　　（b は定数）

2. $V(aX) = a^2 V(X)$　　　（a は定数）

3. $V(X) = E(X^2) - \{E(X)\}^2$

4. X と Y が独立な確率変数ならば，$V(X + Y) = V(X) + V(Y)$

証明 上の 1 〜 4 の性質を証明する．

1. 確率変数 X に対して定数 b が加わると，確率変数 $X + b$ の平均は $m + b$

となるので

$$V(X + b) = E(\{(X + b) - (m + b)\}^2)$$
$$= E((X - m)^2)$$
$$= V(X)$$

2. 確率変数 aX の平均は $E(aX) = aE(X) = am$ となるので

$$V(aX) = E((aX - am)^2)$$
$$= E(a^2(X - m)^2) = a^2 E((X - m)^2)$$
$$= a^2 V(X)$$

3. 確率変数 X の分散は，平均が $m = E(X)$ なので

$$V(X) = E((X - m)^2)$$
$$= E(X^2 - 2mX + m^2) = E(X^2) - 2mE(X) + m^2 E(1)$$
$$= E(X^2) - 2m \times m + m^2 = E(X^2) - m^2$$
$$= E(X^2) - \{E(X)\}^2$$

4. $E(X) = p, E(Y) = q$ とおく．$E(X - p) = 0, E(Y - q) = 0, E(X + Y) = p + q$ となるので

$$V(X + Y) = E(\{(X + Y) - (p + q)\}^2)$$
$$= E((X - p)^2 - 2(X - p)(Y - q) + (Y - q)^2)$$
$$= E((X - p)^2) - 2E((X - p)(Y - q)) + E((Y - q)^2)$$
$$= V(X) - 2E(X - p)E(Y - q) + V(Y)$$
$$= V(X) - 2 \times 0 \times 0 + V(Y)$$
$$= V(X) + V(Y) \qquad \text{終}$$

問題 3.9 次の問いに答えよ．

（1） 平均値が 60 で，標準偏差が 15 である正規分布をする確率変数の値を 100 個選んで，その平均値を求めよ．データは，小数以下を四捨五入して示せ．

（2） （1）のデータの分散と標準偏差を求めよ． Prog[3-8]

（3） 取り出すデータの数を 1000 個，10000 個，100000 個にしたときの平均値と分散と標準偏差を求めよ． Prog[3-9]

（4） 理論的な期待値と分散と標準偏差および，（3）の結果からわかることをまとめよ．

確率変数 X が平均 0，分散 1 の分布をするとき，次の確率変数

$$Y = \frac{X - m}{\sqrt{v}} = \frac{X - m}{\sigma}$$

は, 平均 0, 標準偏差 1 の分布をするが, これは次のように示される.

$$E(Y) = \frac{E(X - m)}{\sigma} = \frac{m - m}{\sigma} = 0 \qquad (3.10)$$

$$V(Y) = V\left(\frac{X - m}{\sigma}\right) = \frac{E(X - m)^2}{\sigma^2} \qquad (3.11)$$

$$= \frac{\sigma^2}{\sigma^2} = 1 \qquad (3.12)$$

問題 3.10 確率変数 X が, 平均 50, 標準偏差 20 の正規分布をするとき, 次の確率を 71 頁の標準正規分布の表から求めよ.

（1） $P(50 \leq X \leq 65)$　　（2） $P(60 \leq X \leq 85)$　　（3） $P(40 \leq X \leq 85)$

（4） $P(X \geq 85)$　　　　　（5） $P(X \leq 85)$

3.3　確率変数列の収束

ここでは, 確率変数列 $X_1, X_2, \cdots, X_n, \cdots,$ が, 確率変数 X に収束するいろいろな場合を扱う. はじめに, 関数列の収束を復習しておこう.

関数列の収束には 2 通りあり, **各点収束**と**一様収束**がある. **各点収束**は文字通り, 各点で収束することで, 関数列の定義域を I とするとき, I の各点 x において,

$$\lim_{n \to \infty} f_n(x) = f(x)$$

となることであるが, 次のようにも表せる.

任意の $\varepsilon > 0$, $x \in I$ に対して, ある N があり,

$n \geq N$ のとき, $|f_n(x) - f(x)| < \varepsilon$

上の記述で, 「ある N があり」 というところで, N は x に依存して定まって構わないわけである. この N が x に無関係にとれるときに**一様収束**といい, 次のようにいい換えても同じである.

任意の $\varepsilon > 0$ に対して, ある N があり,

$n \geq N$ に対して, $\sup_{x \in I} |f_n(x) - f(x)| < \varepsilon$

sup は「上限」という意味であり, これがわかりにくいと思った人は,

3.3 確率変数列の収束　75

最大値を意味する max と思えばいい.

3.3.1 収束定理

はじめに, 確率変数列の収束に関する, いくつかの基本定理を紹介しておく. これらは**測度論**で学ぶことになるので, 本書では証明は省略することにする.

実は, 測度というのは確率論の公理を広げた概念で, 確率空間というのは, 全測度が1の測度空間に他ならないのである. そのため, 確率論の学習の前に測度論の学習をしておくというのは, 非常に好都合なことなのである. というわけで, ここでは一般の測度論で成り立つ定理を借用する. 以下の定理は, 確率論の言葉で表してあるものの, 実は測度論の定理なのである.

単調収束定理

$P(0 \leq X_1 \leq X_2 \leq \cdots \leq \lim_{n \to \infty} X_n = X) = 1$ のとき, 次の式が成り立つ.
$$\lim_{n \to \infty} E(X_n) = E(X)$$

ファツー (Fatou) の補題

$P(X_n \geq 0) = 1 \ (n = 1, 2, \cdots)$ のとき, 次の式が成り立つ.
$$E(\liminf_{n \to \infty} X_n) \leq \liminf_{n \to \infty} E(X_n)$$

$\liminf_{n \to \infty} X_n$ は X_n の**下極限**といい, X_n の値を下から抑える値である. 例えば, $\sin x$ の下極限は -1 である.

ルベーグの(優)収束定理

$E(Y)$ が存在し, $P(|X_n| \leq Y) = 1$ かつ $P(\lim_{n \to \infty} X_n = X) = 1$ ならば $E(X)$ も存在し, 次の式が成り立つ.
$$\lim_{n \to \infty} E(X_n) = E(\lim_{n \to \infty} X_n) = E(X)$$

3.3.2 いくつかの収束概念

さて, 本題の確率変数列の収束に関するいくつかの定義を紹介しておく.

1. 概収束

確率変数列 $X_n(\omega)$ と $X(\omega)$ は, 同じ確率空間 $(\Omega, \mathcal{F}, P)$ 上で定義されているとする. 「$n \to \infty$ のとき, 確率変数列 X_n が確率変数 X に

概収束する」とは，次の (3.13) が成り立つことである．

$$P(\{\omega \in \Omega \mid \lim_{n \to \infty} X_n(\omega) = X(\omega)\}) = 1 \qquad (3.13)$$

これを厳密に表すと次のようになる．

$P(\{\omega \in \Omega \mid$ 任意の $\varepsilon > 0$ に対して，ある N があり，

$n > N$ のすべての n について，$|X_n(\omega) - x(\omega)| < \varepsilon\}) = 1$

あるいは

$$n \to \infty \text{ のとき，} X_n(\omega) \longrightarrow X(\omega) \quad a.e.$$

ここで $a.e.$ は，almost everywhere の略で，「ほとんど確実に」という意味であり，「X_n が X に収束する確率が 1 である」ということである．「確率 1 で収束する」といってもよい．

2. 確率収束

確率変数列 $X_n(\omega)$ が確率変数 $X(\omega)$ に確率収束するとは，次の式が成り立つことである．

任意の $\varepsilon > 0$ に対して，

$$\lim_{n \to \infty} P(|X_n(\omega) - X(\omega)| > \varepsilon) = 0$$

または，

$$\lim_{n \to \infty} P(|X_n(\omega) - X(\omega)| < \varepsilon) = 1$$

この意味は，X_n と X の差がいくらでも小さくなる確率が 1 になっていくということで，次のようにも表す．

$$\lim_{n \to \infty} X_n(\omega) \longrightarrow X(\omega) \qquad in\ P$$

$in\ P$ というのは，in Probability の略で，「確率的に」という意味である．あるいは，次のようにも表す．

$$X_n \overset{P}{\longrightarrow} X$$

3. 法則収束（分布収束・弱収束）

確率変数列を $X_1, X_2, \cdots, X_n, \cdots, X$，確率変数 X の累積分布関数を $F_1(x), F_2(x), \cdots, F_n(x), \cdots, F(x)$ とする．X_n が X に法則収束するとは，$F(x)$ が連続であるようなすべての $x \in R$ に対して，次の式が成り立つことである．

$$\lim_{n \to \infty} F_n(x) = F(x)$$

この意味は，累積分布関数でみると収束していくということである．

法則収束することを，分布収束するとか，弱収束するともいう．このとき，次のようにも表す．

$$X_n \xrightarrow{\ d\ } X$$

ここで d は，distribution（分布）の略である．

法則収束と同値な条件がいろいろ知られているが，ここでは一つだけ紹介しておく．

すべての有界な連続関数 $f : \mathbb{R} \to \mathbb{R}$ に対して，次の式が成り立つ．

$$\lim_{n \to \infty} E(f(X_n)) = E(f(X))$$

証明には，確率論の解説には直接関係しない細かい準備がいろいろと必要になるので，ここでは省略する．

4. L^p **収束**

確率変数列 $X_1, X_2, \cdots, X_n$ が確率変数 X に L^p 収束するとは，次の式が成り立つことである．

$$\lim_{n \to \infty} E(|X_n - X|^p) = 0$$

この意味は，X_n と X の差の p 乗の期待値は 0 になっていくということである．このとき，p **次平均収束**するともいい，次のようにも表す．

$$X_n \xrightarrow{\ L^p\ } X$$

特に，$p = 1$ のとき**平均収束**といい，$p = 2$ のとき **2 乗平均収束**という．

3.3.3　いくつかの収束概念の関係

以上の 4 つの収束概念の関係を述べておこう．

定理　X_n が X に概収束するならば，X_n は X に確率収束する．

証明　はじめに，一般的な「定義関数」について証明しておく．

集合 Ω の部分集合 A の指示関数または定義関数とは，独立変数 x が A に入っていれば 1，入っていなければ 0 を与える関数で，$1_A(x)$ と表す（$\chi_A(x)$ とも表す）．

78　　第3章　確率変数の期待値と分散

$$1_A(x) = \begin{cases} 1 & (x \in A) \\ 0 & (x \notin A) \end{cases}$$

このような定義関数を用いると，確率は期待値で表せるようになる．

$$P(A) = E(1_A(\omega))$$

期待値とは，関数の値にその確率を掛けて加えたものであったから，上の式が成り立つ．

X_n が X に概収束するとは，次の式が成り立つことであった．

$$P(\lim_{n \to \infty} X_n = X) = 1$$

このとき，確率収束することを示すには，

任意の $\varepsilon > 0$ に対して，$\lim_{n \to \infty} P(|X_n(\omega) - x(\omega)| > \varepsilon) = 0$

を示せばよい．

そこで，定義関数を用いて，期待値の式に変形する．

$$\lim_{n \to \infty} P(|X_n(\omega) - X(\omega)| > \varepsilon) = \lim_{n \to \infty} E(1_{(|X_n - X| > \varepsilon)}(\omega))$$

これで，ルベーグの優収束定理が使える条件（$Y = 1$ とおくと，Y は可積分で，$1_{(|X_n - X| > \varepsilon)}(\omega) \leq 1$）が成り立つことがわかるので，次の式が成り立つ．

$$\lim_{n \to \infty} P(|X_n(\omega) - x(\omega)| > \varepsilon) = \lim_{n \to \infty} E(1_{(|X_n - X| > \varepsilon)}(\omega))$$
$$= E(\lim_{n \to \infty} 1_{(|X_n - X| > \varepsilon)}(\omega))$$
$$= E(1_{(|X_n - X| > \varepsilon)}(\omega)) = 0 \qquad \boxed{終}$$

定理 X_n が X に L^p 収束するならば，X_n は X に確率収束する．

これを証明するために，準備として，**チェビシェフの不等式**を示しておく．

チェビシェフの不等式

確率変数 X があるとき，任意の $\varepsilon > 0$ と $p > 0$ に対して，次の式が成り立つ．

$$P(|X| \geq \varepsilon) \leq \frac{1}{\varepsilon^p} E(|X|^p) \qquad (3.14)$$

チェビシェフの不等式の証明 ここでは，確率密度関数 $f(x)$ をもつ場合のみを証明しておく．離散型の場合もほとんど同じであるので，ここでは省略する．

$$E(|X|^p) = \int_{-\infty}^{\infty} |x|^p f(x)\, dx$$

$$\geq \int_{-\infty}^{-\varepsilon} |x|^p f(x)\, dx + \int_{\varepsilon}^{\infty} |x|^p f(x)\, dx$$

$$\geq \int_{-\infty}^{-\varepsilon} \varepsilon^p f(x)\, dx + \int_{\varepsilon}^{\infty} \varepsilon^p f(x)\, dx$$

$$= \varepsilon^p \Big(\int_{-\infty}^{-\varepsilon} f(x)\, dx + \int_{\varepsilon}^{\infty} f(x)\, dx \Big)$$

$$= \varepsilon^p (P(|X| > \varepsilon))$$

両辺を ε^p で割れば，不等式 (3.14) が得られる． 　　　　　　　　　終

定理の証明　X_n が X に L^p 収束し，次の式が成り立つとする．

$$\lim_{n \to \infty} E(|X_n - X|^p) = 0$$

ところで，チェビシェフの不等式 (3.14) から

$$\varepsilon^p P(|X_n - X| > \varepsilon) \leq E(|X_n - X|^p)$$

が成り立つので，この 2 つの式を合わせると，任意の $\varepsilon > 0$ に対して次の式が成り立つ．

$$\varepsilon^p \lim_{n \to \infty} P(|X_n - X| > \varepsilon) \leq \lim_{n \to \infty} E(|X_n - X|^p) = 0$$

$$\lim_{n \to \infty} P(|X_n - X| > \varepsilon) = 0$$

これで，X_n が X に確率収束することがわかった．

なお，$p = 2$ とすれば，「2 乗平均収束すると確率収束する」こともわかる．このことは，確率収束することを示すためによく使われる． 　　　　　　　　　終

定理　X_n が X に確率収束するならば，X_n は X に法則収束する．

この定理を証明するに当たり，次のような 2 つの補題を準備する．X と Y は確率変数で，a と ε は任意の数である．

補題　任意の $\varepsilon > 0$ に対して次の式が成り立つ．

（1）　$P(Y \leq a) \leq P(X \leq a + \varepsilon) + P(|Y - X| > \varepsilon)$

（2）　$P(X \leq a - \varepsilon) \leq P(Y \leq a) + P(|Y - X| > \varepsilon)$

補題（1）の証明

$$\begin{aligned}
P(Y \leq a) &= P(Y \leq a,\ X \leq a + \varepsilon) + P(Y \leq a,\ X > a + \varepsilon) \\
&\leq P(X \leq a + \varepsilon) + P(Y - X \leq a - X,\ a - X < -\varepsilon) \\
&\leq P(X \leq a + \varepsilon) + P(Y - X < -\varepsilon) \\
&\leq P(X \leq a + \varepsilon) + P(Y - X < -\varepsilon) + P(Y - X > \varepsilon) \\
&= P(X \leq a + \varepsilon) + P(|Y - X| > \varepsilon) \qquad\qquad 終
\end{aligned}$$

補題（2）の証明

$$P(X \leq a - \varepsilon) = P(X \leq a - \varepsilon,\ Y \leq a) + P(X \leq a - \varepsilon,\ Y > a)$$
$$\leq P(Y \leq a) + P(Y \leq a - \varepsilon,\ a - \varepsilon < Y - \varepsilon)$$
$$\leq P(Y \leq a) + P(X \leq Y - \varepsilon)$$
$$\leq P(Y \leq a) + P(Y - X \geq \varepsilon) + P(Y - X \leq -\varepsilon)$$
$$= P(Y \leq a) + P(|Y - X| > \varepsilon) \qquad \blacksquare$$

この補題において，$Y = X_n$ とすると，次の式が得られる．

$$P(X_n \leq a) \leq P(X \leq a + \varepsilon) + P(|X_n - X| > \varepsilon)$$
$$P(X \leq a - \varepsilon) \leq P(X_n \leq a) + P(|X_n - X| > \varepsilon)$$

定理の証明

$$P(X \leq a - \varepsilon) - P(|X_n - X| > \varepsilon) \leq P(X_n \leq a)$$
$$\leq P(X \leq a + \varepsilon) + P(|X_n - X| > \varepsilon)$$

ここで，$n \to \infty$ とすると，X_n が X に確率収束しているという仮定から $\lim_{n \to \infty} P(|X_n - X| > \varepsilon) = 0$ であるから，次のようになる．

$$P(X \leq a - \varepsilon) \leq \lim_{n \to \infty} P(X_n \leq a) \leq P(X \leq a + \varepsilon)$$

ここで，a を累積分布関数の連続点とすると，ε はいくら小さくてもよいのであるから，結局は等しくなければならず，間に挟まれた値もこれに等しくなる．

$$\lim_{n \to \infty} P(X_n \leq a) = P(X \leq a)$$

よって，X_n が X に法則収束する．つまり，X の累積分布関数 $F(x)$ が連続であるようなすべての $x \in R$ に対して，次の式が成り立つ．

$$\lim_{n \to \infty} F_n(x) = F(x) \qquad \blacksquare$$

第4章 二項分布

◆ 本章の内容 ◆

本章では，代表的・典型的な離散分布である二項分布について述べる．

二項分布は，コインを投げて表が出るか裏が出るか，サイコロを投げて ⚀ が出るか出ないかなど，ある事象 A が起きるか起きないかを扱う確率分布が基礎になる．具体的には，コイン投げを何回か行ったときに表の出る回数とその確率を表す確率分布が二項分布となり，サイコロ投げでは，サイコロを何回か投げたときに，ある特定の目が出る回数とその確率などが二項分布から求められる．

◆ 確率論の中での本章の位置づけ ◆

二項分布は確率分布の典型的な場合で，日常生活でも多数観察される．「二項分布についてわかれば，離散型確率分布はすべてわかったようなもの」といえるくらい大事なものである．また，理論と実験との関係を知る上でもわかりやすい例である．本章では，この二項分布についての実験的な成り立ちや性質，期待値や分散などについて述べる．

◆ 本章のゴール ◆

本章では二項分布の公式の由来を理解し，実際の問題に使えるようになってほしい．二項分布の期待値と分散についても理解し，それらを具体的な問題に使えるようになることが必要である．

4.1 偶然現象から二項分布へ

サイコロを 20 回投げたときに，⚀ が何回出るかを実験で確かめてみよう．この実験を例えば 100 回行うと，⚀ が出る回数は，0 回から 20 回まで起き

る可能性がある．このときのそれぞれの相対頻度の結果は，例えば次の表のようになる．ただし，この表では，小数点第3位以下は四捨五入している．

Prog[4-1]

⊡が出る回数	相対頻度の値	⊡が出る回数	相対頻度の値
0	0.02	11	0.00
1	0.13	12	0.00
2	0.24	13	0.00
3	0.19	14	0.00
4	0.26	15	0.00
5	0.13	16	0.00
6	0.06	17	0.00
7	0.01	18	0.00
8	0.02	19	0.00
9	0.00	20	0.00
10	0.00		

この表の結果をグラフで表すと，図4.1のようになる． Prog[4-2]

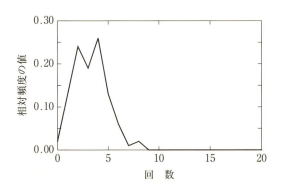

図 4.1

この段階では，まだ規則性はみえてこない．そこで，サイコロを20回投げる実験の回数を，100回ではなく1000回にしてみる．そして，相対頻度は数値で示しても規則性がはっきりしないので，実験結果をグラフで示してみると，図4.2のようなグラフになる．

さらに実験回数を増やした10000回の場合は図4.3，そして，100000回の場合は図4.4のようなグラフになる．

4.1 偶然現象から二項分布へ

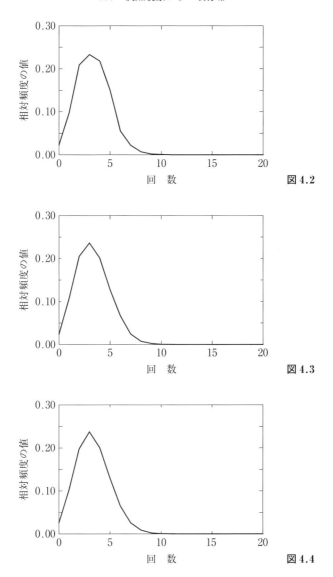

図 4.2

図 4.3

図 4.4

実験の回数が多くなるにつれて，図 4.1 のようなデコボコがなくなり，図 4.4 のようなグラフになってくることがわかる．100000 回の場合を数値で示すと次の表のようになる．

・が出る回数	相対頻度の値	・が出る回数	相対頻度の値
0	0.026	11	0.0001
1	0.10256	12	0.0000
2	0.19822	13	0.0000
3	0.23763	14	0.0000
4	0.20096	15	0.0000
5	0.12957	16	0.0000
6	0.06535	17	0.0000
7	0.02576	18	0.0000
8	0.00886	19	0.0000
9	0.00226	20	0.0000
10	0.00053		

このとき，相対頻度の値（ここでの例でいえば，サイコロの・が出る割合）はどのような値に近づいていくのか，また，その構造はどうなっているのであろうか．

ここではわかりやすいように，まず，・が3回出る確率を求めてみよう．いま，最初の3回がいずれも・で，残りの17回が・以外であったとする．

$$A = \{・,\ ・,\ ・,\ ・以外,\ ・以外,\ ・以外,\ \cdots,\ ・以外\}$$

この事象の確率は，毎回が独立（前の結果に依存せず，毎回同じ確率で出る）の場合の乗法定理から，次のように計算できる．

$$P(A) = \frac{1}{6} \times \frac{1}{6} \times \frac{1}{6} \times \frac{5}{6} \times \frac{5}{6} \times \cdots \times \frac{5}{6} = \left(\frac{1}{6}\right)^3 \times \left(\frac{5}{6}\right)^{17}$$

ところで，いうまでもないが，「20回投げて・が3回出る」というのは，上の目の出方だけではない．例えば，1回目と3回目と5回目に・が出てもいいのである．そして，このときの確率も

$$\frac{1}{6} \times \frac{5}{6} \times \frac{1}{6} \times \frac{5}{6} \times \frac{1}{6} \times \frac{5}{6} \times \frac{5}{6} \times \cdots \times \frac{5}{6} = \left(\frac{1}{6}\right)^3 \times \left(\frac{5}{6}\right)^{17}$$

となり，上と同じ値になる．すなわち，20回投げて・が3回出るという場合は，まだまだ他にもたくさんありうるが，そのすべてが，$\left(\frac{1}{6}\right)^3 \times \left(\frac{5}{6}\right)^{17}$ の確率をもっているのである．

そこで，「20回投げて・が3回出る場合が全部で何通りあるか」を調べてみよう．これは，高等学校の数学の「順列・組合せ」のところで学ぶこと

4.1 偶然現象から二項分布へ

であるが，一般に，n 個のものから r 個を選び出す組合せの数は

$$_n\mathrm{C}_r = \frac{n(n-1)(n-2)\cdots(n-r+1)}{r(r-1)\cdots3\cdot2\cdot1}$$

で与えられる．ここで C は，「組合せ」を意味する英語の Combination の頭文字である．この公式に当てはめると，20 個のものから 3 個のものを選び出す組合せの数（前の例でいえば，サイコロを 20 回投げて ⚀ が 3 回出る場合の数）は次のように求められる．

$$_{20}\mathrm{C}_3 = \frac{20\cdot19\cdot18}{3\cdot2\cdot1} = 1140$$

このすべてが同じ確率 $\left(\frac{1}{6}\right)^3 \times \left(\frac{5}{6}\right)^{17}$ をもっているので，結局，「20 回投げて ⚀ が 3 回出る確率」は次のように求められる．

$$_{20}\mathrm{C}_3 \times \left(\frac{1}{6}\right)^3 \times \left(\frac{5}{6}\right)^{17} = 1140 \times \frac{5^{17}}{6^{20}} \fallingdotseq 0.2379 \qquad (4.1)$$

この値は，20 回投げることを 100000 回実験した相対頻度の値である 0.23763 とかなり近いことがわかる．

同様にして，「20 回投げて ⚀ が 5 回出る確率」は

$$_{20}\mathrm{C}_5 \times \left(\frac{1}{6}\right)^5 \times \left(\frac{5}{6}\right)^{15} = 15504 \times \frac{5^{15}}{6^{20}} \fallingdotseq 0.12941$$

のように計算でき，一般に，「20 回投げて ⚀ が k 回出る確率」は次のように計算できる．

$$_{20}\mathrm{C}_k \times \left(\frac{1}{6}\right)^k \times \left(\frac{5}{6}\right)^{20-k}$$

この式で定まる確率を，一般に「理論値」という．これは，サイコロを 20 回投げて ⚀ が k 回出る確率を表す分布である．そして，この理論値の確率分布のことを**二項分布**という．

$k=0$ から $k=20$ まで変化させたときの二項分布の確率を求め，100 回，1000 回，10000 回，100000 回行ったときの相対頻度と一緒に表にすると，例えば次頁のようになる．

この表の理論値をグラフで表すと図 4.5 のようになる．念のため，100000 回投げた結果のグラフと一緒に描いてみると，グラフはもはや理論値のグラフとほとんど重なってしまうことがわかる． Prog[4-3]

第4章 二項分布

k の値	100 回	1000 回	10000 回	100000 回	理論値
0	0.0260	0.0230	0.0243	0.0260	0.0261
1	0.1026	0.0970	0.1075	0.1026	0.1043
2	0.1982	0.2090	0.2051	0.1982	0.1982
3	0.2376	0.2330	0.2360	0.2376	0.2379
4	0.2010	0.2180	0.2010	0.2010	0.2022
5	0.1296	0.1500	0.1274	0.1296	0.1294
6	0.0654	0.0550	0.0662	0.0654	0.0647
7	0.0258	0.0220	0.0242	0.0258	0.0259
8	0.0089	0.0070	0.0075	0.0089	0.0084
9	0.0023	0.0020	0.0026	0.0023	0.0022
10	0.0005	0.0010	0.0005	0.0005	0.0005
11	0.0001	0.0000	0.0002	0.0001	0.0001
12	0.0000	0.0000	0.0000	0.0000	0.0000
13	0.0000	0.0000	0.0000	0.0000	0.0000
14	0.0000	0.0000	0.0000	0.0000	0.0000
15	0.0000	0.0000	0.0000	0.0000	0.0000
16	0.0000	0.0000	0.0000	0.0000	0.0000
17	0.0000	0.0000	0.0000	0.0000	0.0000
18	0.0000	0.0000	0.0000	0.0000	0.0000
19	0.0000	0.0000	0.0000	0.0000	0.0000
20	0.0000	0.0000	0.0000	0.0000	0.0000

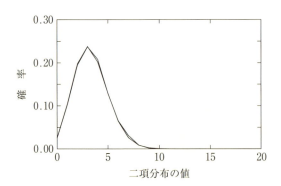

図 4.5

このように，サイコロの・の目の出方でいえば，例えば 20 回投げたときに，・の目が出る回数の相対頻度の分布は，この実験を多数回行うと，ある一定の分布に近づいていくことがわかる．そして，この分布のことを「二項分布」という．

4.2 二項分布の定義

いままで，偶然現象の解析から二項分布が導かれる過程を述べてきたが，ここで，公理系に基づく二項分布を導いておく．

[定理] 1回の試行で事象 A の起きる確率を $p = P(A)$，また，A が起きない確率を $q = 1 - p$ とおく．この試行を n 回独立に行うとき，事象 A が起きる回数 S_n の分布は次の式で表せる（$0 \leq k \leq n$）．

$$P(S_n = k) = {}_nC_k p^k q^{n-k} \qquad (4.2)$$

この分布を**二項分布**といい，n と p が定まれば，二項分布が確定する．なお，二項分布を $B[n, p]$，$b(k; n, p)$ などと表すこともある．

[証明] n 回中に A が起きる回数 k を選ぶ方法は，順列・組合せの計算から，${}_nC_k$ 回あり得る．はじめから k 回連続して事象 A が起き，残りの $n - k$ 回は A が連続して起きない確率は，毎回が独立であるから，乗法定理により $p^k q^{n-k}$ となる．したがって，n 回中に A が k 回起きる確率は ${}_nC_k p^k q^{n-k}$ となる． **[終]**

4.3 二項分布のグラフ

二項分布は，n と p がパラメータで，これらの値を定めると具体的な二項分布が定まる．

n を一定にして，p を変えたときのグラフ

例えば $n = 20$ と固定して，p の値を 0.1 から 0.9 まで，0.1 刻みに変化させたときのグラフは図 4.6 のような形になる．グラフは，一番左が $p = 0.1$ の場合で，右に行くに従って大きくなり，右端のグラフが $p = 0.9$ の場

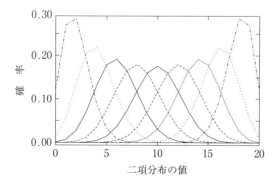

図 4.6

合である. Prog[4-4]

p を一定にして，n を変えたときのグラフ

次に，例えば $p = 0.3$ と固定して，n の値を 5 から 30 まで，5 刻みに変化させたときのグラフは図 4.7 のような形になる．グラフは，一番左が $n = 5$ の場合で，右に行くに従って n の値が大きくなり，右端のグラフが $n = 30$ の場合である． Prog[4-5]

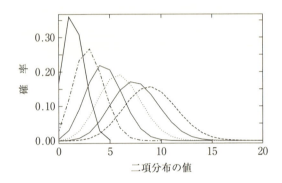

図 4.7

4.4 二項分布の期待値

1 回の試行で事象 A が起きる確率が p のとき，この試行を n 回独立に行ったときに，事象 A が起きる回数 S_n の分布が二項分布であった．これより，二項分布の期待値は次の定理のようになる．

定理 S_n の期待値は，$E(S_n) = np$ となる．

この定理の証明を 2 通りの方法で示しておく．

証明 1 はじめの証明方法は，期待値の定義通りに，$S_n = k$ となる k の値に確率 $P(S_n = k) = {}_nC_k p^k q^{n-k}$ を掛けて加えた

$$E(S_n) = \sum_{k=0}^{n} k\, P(S_n = k) = \sum_{k=0}^{n} k\, {}_nC_k p^k q^{n-k} = n \sum_{k=1}^{n} {}_{n-1}C_{k-1} p^k q^{n-k} \quad (4.3)$$

が np となることを示す方法である．

上の変形では，順列・組合せの理論で出てくる次の公式を用いている．

$$k\, {}_nC_k = n\, {}_{n-1}C_{k-1}$$

4.4 二項分布の期待値

なお，この公式を計算で確かめるのは容易で，

$$k \, {}_n\mathrm{C}_k = k\frac{n!}{k!(n-k)!} = k\frac{n(n-1)!}{k(k-1)!(n-k)!}$$

$$= n \times \frac{(n-1)!}{(k-1)!\{(n-1)-(k-1)\}!} = n \, {}_{n-1}\mathrm{C}_{k-1}$$

となる．

ここで，次のような「二項定理」を少し変形した式を使う．

$$(x+y)^n = \sum_{k=0}^{n} {}_n\mathrm{C}_k x^k y^{n-k}$$

この式で n を $n-1$ とした

$$(x+y)^{n-1} = \sum_{k=0}^{n-1} {}_{n-1}\mathrm{C}_k x^k y^{(n-1)-k}$$

において $k = j-1$ とおくと，

$$(x+y)^{n-1} = \sum_{j=1}^{n} {}_{n-1}\mathrm{C}_{j-1} x^{(j-1)} y^{(n-1)-(j-1)}$$

となる（j は 1 から n まで動く）．

この式を使って (4.3) における $E(S_n)$ の変形を続けると，定理が導ける．

$$E(S_n) = np\sum_{k=1}^{n} {}_{n-1}\mathrm{C}_{k-1} p^{k-1} q^{(n-1)-(k-1)} = np(p+q)^{n-1} = np\, 1^{n-1} = np \quad \boxed{\text{終}}$$

証明2 もう一つ，簡単な証明を紹介しておこう．1 回の試行で事象 A が起きる確率が p のとき，この試行を n 回独立に行ったときに，事象 A の起きる回数 S_n の分布が二項分布であった．

ここで，k 回目に事象 A が起きたら 1，起きなかったら 0 を対応させる確率変数 X_k を導入する．

$$X_k = \left\{ \begin{array}{ll} 1 & (\omega \in A \text{のとき}) \\ 0 & (\omega \notin A \text{のとき}) \end{array} \right.$$

この確率変数を使うと，n 回までに A が起きた回数 S_n は，1 の回数だけ A が起きていることになるので，次のように表せる．

$$S_n = X_1 + X_2 + \cdots + X_n$$

$S_n = k$ となるのは，X_1 から X_n までの間に k 回だけ 1 になった，つまり，A が k 回だけ起きたことを意味している．

この X_n を使うと，期待値の線形性から次のようになる．

$$E(S_n) = E(X_1 + X_2 + \cdots + X_n) = E(X_1) + E(X_2) + \cdots + E(X_n)$$

90   第4章 二項分布

ここで, $E(X_k)$ は, X_k のとる値に確率を掛けて得られるので,
$$E(X_k) = 1 \times P(X_k = 1) + 0 \times P(X_k = 0) = 1 \times p = p$$
したがって, $E(S_n)$ は次のように求められる.
$$E(S_n) = p + p + \cdots + p = np \qquad \boxed{終}$$

4.5 二項分布の分散と標準偏差

二項分布の分散

事象 A の起きる回数 S_n の分散を求める前に, $S_n = X_1 + X_2 + \cdots + X_n$ となる X_k の分散 $V(X_k)$ を求める. $E(X_k) = p$ より, 次のように計算できる.
$$\begin{aligned} V(X_k) &= E((X_k - p)^2) = (1 - p)^2 \times p + (0 - p)^2 \times q \\ &= p - p^2 = p(1 - p) = pq \end{aligned}$$
ここで, $X_1, X_2, \cdots, X_n$ は独立であるから, S_n の分散は次のようになる.
$$S_n = X_1 + X_2 + \cdots + X_n$$
$$V(S_n) = V(X_1) + V(X_2) + \cdots + V(X_n)$$
$$= pq + pq + \cdots + pq = npq$$

二項分布の標準偏差

標準偏差 $\sigma(S_n)$ は分散の平方根であったから, 次のようになる.
$$\sigma(S_n) = \sqrt{V(S_n)} = \sqrt{npq}$$

4.6 二項分布の具体例

二項分布は, 日常生活のいろいろな場面に現れる. 次のような問題を通して具体例に取り組んでみよう.

問題 4.1 普通のコインを 10 回投げたとき, 表が何回出るか, その確率を求めよ.

（1） コインを 10 回投げて, 表が 6 回出る確率を求めよ.

（2） コインを 10 回投げて, 表が 3 回しか出ない確率を求めよ.

問題 4.2 ある検定試験において, 問題の記述が正しい（○）か, 間違っている（×）かだけを答える, いわゆる「○×問題」が 10 題出題された. この検定試験では,「8 割以上の正解なら合格」という基準がある. いま, 何も準備をしてこなかったある受験者が, デタラメに○と×を付けて答えた（つまり, 確率 $\frac{1}{2}$ で○

4.6 二項分布の具体例 91

を付けた）としよう．この受験者が合格する確率を求めよ．

問題 4.3 大学でのある科目の試験で，4 択（つまり，問題文に対する正解を 4 つの選択肢の中から選ぶという形式）の問題が 10 題出題されたとする．例えば，数学の試験で，問題文が「関数 $y = x^3$ の導関数は次のどれか？」と与えられて，選択肢が（A）$2x^2$，（B）$3x^2$，（C）$\frac{1}{3}x^4$，（D）$\frac{1}{4}x^4$ となっているような問題である．

いま，あまり勉強してこなかった学生が，デタラメに答えた（つまり，正解を選択する確率が $\frac{1}{4}$ である）とする．このとき，次の確率を求めよ．

（1） 10 問中 5 問正解する確率を求めよ．

（2） 10 問中 6 問以上が正解のとき，合格で単位がとれるとする．この学生が合格する確率を求めよ．

問題 4.4 ある果樹園で収穫されるリンゴのうち，2 割のリンゴが「理由あり」と分類されて販売できないとしよう．収穫されたリンゴの山から順に 5 個のリンゴを取り出して箱に入れてセットで販売するとき，「理由あり」のリンゴが 2 個入ってしまう確率を求めよ．ただし，5 個のリンゴを選ぶとき，「理由あり」のリンゴが取り出される確率は常に 0.2 であるとする．

第5章 大数の法則

◆ 本章の内容 ◆

確率論の公理を導くときに,「相対頻度の安定性」を手掛かりにしたが,本章では,この性質を確率論の公理系から導く.大数の法則には,「弱法則」と「強法則」という2つの法則がある.どちらも,確率の概念の基礎である「相対頻度の安定性」を表したものである.

◆ 確率論の中での本章の位置づけ ◆

第1章の1.2節で相対頻度の安定性から確率の数値を導き出したときに,大数の法則の概念についてはすでに触れたが,1.2節ではコインを投げる実験から述べたので,本章では,「サイコロを投げる」という偶然現象の解析から大数の法則を導く.そして次に,公理,定理,定義から出発し,公理の基礎である「確率」そのものの定義を,大数の法則という形の定理として証明する.

すなわち,確率論の公理系から出発し,公理の基礎になっている「相対頻度の安定性」を証明するというものである.いわば,確率論の公理の正当性を示しているのが「大数の法則」に他ならないのである.

◆ 本章のゴール ◆

本章では,確率論の公理系から大数の法則が導けるということ,そして,大数の法則の弱法則と強法則の違いについて理解できればよい.細かい証明よりも,まずは「こんなふうに証明できるのか」と納得できるようになってほしい.

5.1 偶然現象の解析から大数の弱法則へ

確率変数 X_k を,k 回目の試行で事象 A が起きたら1,起きなかったら0

5.1 偶然現象の解析から大数の弱法則へ

を対応させるとすれば，$S_n = X_1 + X_2 + \cdots + X_n$ は，n 回の試行で事象 A が起きた回数を表し，これを「二項分布」とよんだ（4.2節を参照）．

ここで，$\dfrac{S_n}{n}$ は事象 A が起きる「相対頻度」を表し，例えば1回の試行で事象 A が起きる確率を $p = P(A)$ とすると，平均値は $m = E(X_k) = 1 \times p + 0 \times (1-p) = p$ のように求めることができた．

サイコロ投げでは $p = P(⚃) = \dfrac{1}{6}$ であり，$\dfrac{S_n}{n}$ は ⚃ が出る相対頻度である．いま，20人で各自がサイコロを100回投げ，⚃ の目が出る相対頻度を求めてみたときに，例えば次のような結果になったとする．

0.18, 0.22, 0.2, 0.2, 0.18, 0.14, 0.17, 0.22, 0.24, 0.14, 0.17, 0.18, 0.21, 0.15, 0.18, 0.14, 0.12, 0.21, 0.16, 0.12

この相対頻度と，いわゆるサイコロの ⚃ の目が出る確率 $\dfrac{1}{6} \fallingdotseq 0.1667$ との差（絶対値）を求めてみると，次のようになる．

0.0133333, 0.0533333, 0.0333333, 0.0333333, 0.0133333, 0.0266667, 0.00333333, 0.0533333, 0.0733333, 0.0266667, 0.00333333, 0.0133333, 0.0433333, 0.0166667, 0.0133333, 0.0266667, 0.0466667, 0.0433333, 0.00666667, 0.0466667

数値だけではわかりにくいので，横軸に人数，縦軸に20人の相対頻度をとってグラフにしてみよう．各自の値が $\dfrac{1}{6}$ にどれだけ近いかをみるため，図5.1では $1/6 \pm 0.01$ に横線を入れてある． Prog[5-1]

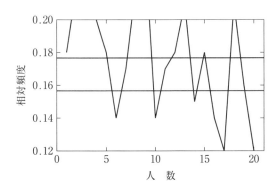

図 5.1

図5.1をみると，20人のほとんどの人の相対頻度が $\dfrac{1}{6}$ と離れていて，差が 0.01 より大きく，相対頻度の値は $1/6 \pm 0.01$ の範囲に入っていない．つまり，$\left|\dfrac{S_n}{n} - p\right| < 0.01$ を満たしていない．

そこで，サイコロを投げる回数を 100 回から 1000 回に増やしてみると，20 人の相対頻度は，例えば次のようになる． Prog[5-2]

0.182, 0.185, 0.152, 0.178, 0.167, 0.155, 0.167, 0.156, 0.17, 0.161, 0.147, 0.143, 0.182, 0.156, 0.163, 0.173, 0.143, 0.158, 0.158, 0.171

この相対頻度と $\frac{1}{6}$ との差（絶対値）は次のようになる．

0.0153333, 0.0183333, 0.0146667, 0.0113333, 0.000333333, 0.0116667, 0.000333333, 0.0106667, 0.00333333, 0.00566667, 0.0196667, 0.0236667, 0.0153333, 0.0106667, 0.00366667, 0.00633333, 0.0236667, 0.00866667, 0.00866667, 0.00433333

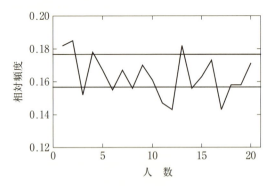

図 5.2

図 5.2 をみると，今度は，$\frac{1}{6} - 0.01 < \frac{S_n}{n} < \frac{1}{6} + 0.01$ の範囲に入っている方が多くなったが，まだ，「ほとんどがこの範囲に入っている」という状況ではない．そこで，さらに投げる回数を増やして，20 人が各自 100000 回投げたときの⚃が出る相対頻度は，例えば次のようになる． Prog[5-3]

0.165, 0.1684, 0.161, 0.1615, 0.1684, 0.1662, 0.1677, 0.1639, 0.1604, 0.1719, 0.169, 0.1661, 0.1623, 0.1681, 0.1642, 0.1691, 0.169, 0.1651, 0.164, 0.1588

この相対頻度と $\frac{1}{6}$ との差（絶対値）は次のようになる（図 5.3）．

0.00166667, 0.00173333, 0.00566667, 0.00516667, 0.00173333, 0.000466667, 0.00103333, 0.00276667, 0.00626667, 0.00523333, 0.00233333, 0.000566667, 0.00436667, 0.00143333, 0.00246667, 0.00243333, 0.00233333, 0.00156667, 0.00266667, 0.00786667

図 5.3 をみると，今度は 20 人すべての相対頻度が $\frac{1}{6} - 0.01 < \frac{S_n}{n} < \frac{1}{6} + 0.01$ の範囲に入っていることがわかる．

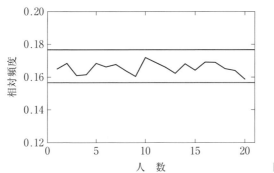

図 5.3

もっとも，サイコロを投げる人数を 20 人から 30 人，100 人と増やしていくとこの範囲に入らない例も出てくるかもしれないが，その場合には，投げる回数をさらに増やせばよい．

また，ここでは $\frac{1}{6}$ との差を $\varepsilon = 0.01$ としたが，幅をさらに小さい値に設定しても，投げる回数を増やせば上記の状況は変わらない．念のため，$\varepsilon = 0.001$ とした場合，投げる回数を 1000000 回に増やせば $\frac{1}{6} \pm 0.001$ の範囲に入ることが図 5.4 からわかる（縦軸の目盛りのスケールが小さくなっていることに注意）．

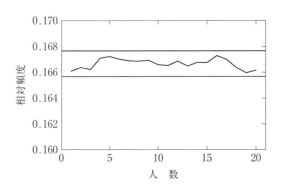

図 5.4

というわけで，$\varepsilon (> 0)$ をどんなに小さくとっても，投げる回数を大きくしさえすれば，ほぼ確実に「相対頻度は $\left| \frac{S_n}{n} - p \right| < \varepsilon$ を満たす」ことが実験的に確認できたことになる．

以上は，サイコロ投げの偶然現象を例とした「偶然現象の解析結果」であ

96　　　　　　　　　第5章　大数の法則

るが，このことを数学的に表したのが，次に述べる**大数の弱法則**である.

5.1.1　大数の弱法則（二項分布の場合）

S_n を二項分布に従う確率変数とする．このとき，次の定理が成り立つ.

定理　任意の数 $\varepsilon > 0$ に対して，

$$\lim_{n \to \infty} P\left(\left|\frac{S_n}{n} - p\right| < \varepsilon\right) = 1$$

が成り立つ.

　この式は，任意に $\varepsilon > 0$ を定めて，例えば，$\varepsilon = 0.01$ として n を十分大きくすると，相対頻度 $\frac{S_n}{n}$ と p との差が $\varepsilon = 0.01$ より小さくなる確率が 1 に近づいていくことを意味している.

　より一般的には，次の 5.1.2 項の定理が成立する.

5.1.2　大数の弱法則（一般の分布の場合）

　分布が同じで互いに独立な確率変数列 $X_1, X_2, \cdots, X_n$ があるとする．$S_n = X_1 + X_2 + \cdots + X_n,\ m = E(X_k) < \infty$ とおくと，次の定理が成り立つ.

定理　どんなに小さい数 $\varepsilon > 0$ をとっても，どんなに 1 に近い数 δ についても，十分大きな数 N をとることができて，$n > N$ について次の式が成り立つ.

$$P\left(\left|\frac{S_n}{n} - m\right| < \varepsilon\right) > \delta$$

　大数の弱法則を証明するためには，次の**チェビシェフの不等式**が必要となる（証明は付録 A.1 を参照）.

［**チェビシェフの不等式**］

　確率変数 X の期待値を $m = E(X)$，分散を $\sigma^2 = V(X) = E((X - m)^2)$ とおくと，任意の正の数 k について次の不等式が成り立つ.

$$P(|X - m| \geq k\sigma) \leq \frac{1}{k^2}$$

5.1 偶然現象の解析から大数の弱法則へ

チェビシェフの不等式において余事象の確率を考えると，次の不等式が成り立つことがわかる．

$$P(|X - m| < k\sigma) > 1 - \frac{1}{k^2} \qquad (5.1)$$

この不等式を用いて，大数の弱法則を証明していく．

大数の弱法則の証明 分布が同じで，互いに独立な確率変数列の和である $S_n = X_1 + X_2 + \cdots + X_n$ を考える．X_k の平均値を m，分散を v，標準偏差を σ とおくと，S_n の平均値は 4.4 節より nm であり，分散は nv となる．

大数の弱法則の対象である相対頻度として $\frac{S_n}{n}$ の平均値は m となり，分散は $\frac{nv}{n^2} = \frac{v}{n} = \frac{\sigma^2}{n}$，標準偏差は $\frac{\sigma}{\sqrt{n}}$ となる．

チェビシェフの不等式から得られた不等式 (5.1) にこれを適用すると

$$P\left(\left|\frac{S_n}{n} - m\right| < k\frac{\sigma}{\sqrt{n}}\right) > 1 - \frac{1}{k^2}$$

となる．

ここで，定理で設定されている任意の与えられた数 $\varepsilon > 0$ に対して，$\varepsilon = k\dfrac{\sigma}{\sqrt{n}}$ となる k をとり，$k = \dfrac{\sqrt{n}\,\varepsilon}{\sigma}$ とする．このとき，任意の $0 < \delta < 1$ に対して n を十分大きくとれば

$$1 - \frac{1}{k^2} = 1 - \frac{\sigma^2}{n\varepsilon^2} > \delta$$

とできる．

したがって，どんなに小さい数 $\varepsilon > 0$ をとっても，どんなに 1 に近い数 δ についても，十分大きな数 N をとることができて，$n > N$ について次の式が成り立つことが確かめられる．

$$P\left(\left|\frac{S_n}{n} - m\right| < \varepsilon\right) > \delta$$

よって，$\dfrac{S_n}{n}$ が（ε について）m にいくらでも近くなる確率が，（δ について）1 にいくらでも近くなるという大数の弱法則を証明することができた． **終**

大数の弱法則は，任意の $\varepsilon > 0$ に対して，極限の記号 $\lim\limits_{n\to\infty}$ を用いて次のようにも表せる．

$$\lim_{n\to\infty} P\left(\left|\frac{S_n}{n} - m\right| < \varepsilon\right) = 1$$

98   第5章　大数の法則

　同じことであるが，余事象の確率が0に近づくといってもよく，次のようにも表せる．

$$\lim_{n \to \infty} P\left(\left|\frac{S_n}{n} - m\right| > \varepsilon\right) = 0$$

これは，「$\dfrac{S_n}{n}$ は，m に**確率収束**する」というのと同じである（3.3.2項の2を参照）．

　一般に，確率変数列 X_n が確率変数 X に確率収束するとは，任意の $\varepsilon > 0$ に対して，

$$\lim_{n \to \infty} P(|X_n - X| > \varepsilon) = 0$$

が成り立つときであった．

　問題5.1　次の問いに答えよ．

（1）　1回の試行で事象 A が起きる確率が $P(A) = 0.3$ という偶然現象があるとする．この試行を8人が100回ずつ行ったとき，8人の「100回中で A が起きる相対頻度」を実験によって求めよ．またその結果を，8人を横軸にとり，縦軸に相対頻度をとったグラフで表せ．ただし，縦軸の表示範囲は0.2から0.4の間とせよ．

（2）　（1）で100回のところを1000回にして，同様の問いに答えよ．

（3）　（1）で100回のところを10000回にして，同様の問いに答えよ．

（4）　以上の結果からわかることをまとめよ．

5.2　偶然現象の解析から大数の強法則へ

　大数の弱法則に対して，大数の強法則はどのような規則性を表したものであろうか．例として，平凡ではあるが，コイン投げの偶然現象を考えてみよう．

　いま，コインを投げて「表」が出たら1，「裏」が出たら0を与える確率変数を X_k とすると，$S_n = X_1 + X_2 + \cdots + X_n$ は，コインを n 回投げたときに「表」が出る回数を表し，「二項分布」に従うのであった．また，このとき $\dfrac{S_n}{n}$ は「表」が出た相対頻度を表す．

　はじめに，コインを1000回投げたときに「表」が出る相対頻度を，1000回までの途中の変化を調べてグラフにしてみると，まだこの段階では $\dfrac{1}{2} =$

5.2 偶然現象の解析から大数の強法則へ

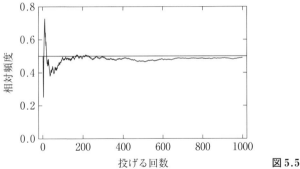

図 5.5

0.5 に近くなっていくようにはみえない（図 5.5 は一例）．これは，まだ投げる回数が少ないためである．　　　　　　　　　　　　　　　　Prog[5-4]

そこで，投げる回数をさらに増やして，10000 回投げたときの途中の相対頻度の変化をグラフで表してみると図 5.6 のようになり，今度は，$\frac{1}{2} = 0.5$ にかなり近づいているといえそうである．

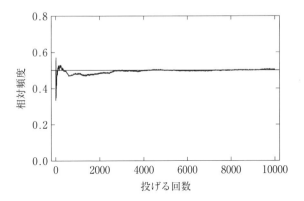

図 5.6

しかし，これらのグラフは 1 人だけが行った実験結果であり，他の人がどうなるかは定かではない．そこで，今度は 20 人が 10000 回コインを投げる実験をし，20 人それぞれの「表」の出る相対頻度の変化を同時にグラフに表してみると，例えば図 5.7 のようになる．

このグラフをみると，20 人全体としては，次第に $\frac{1}{2} = 0.5$ に近くなっていくようにみえるが，20 人の中には，なかなか 0.5 に近づいていくように

はみえない人もいる．しかし，これも投げる回数をさらに増やしていけば，様子ははっきりしてくるのである．

さらに投げる回数を増やして，20 人がそれぞれ 50000 回投げたときの相対頻度の途中の変化をグラフで表すと図 5.8 のようになる．相対頻度の値は少し $\frac{1}{2}$ から離れる場合もあるが，ほとんどの場合に，$\lim_{n \to \infty} \frac{S_n}{n} = \frac{1}{2}$ が実験的に確かめられたのではないだろうか．さらに投げる回数を増やせば，もう少し結果もはっきりしてくることになるが，これ以上の回数の試行は現在の個人用パソコンの能力を超えてしまうので実験できない．

このように，相対頻度が $\frac{1}{2}$ に近くなっていく速度がだいぶ遅いので，横軸は対数をとった値にすると少しわかりやすくなるが，いずれにしても，簡単なコイン投げにおいてさえ，50000 回も投げないと「表の出る相対頻度が 0.5 に近づくこと」が確かめられないのである．

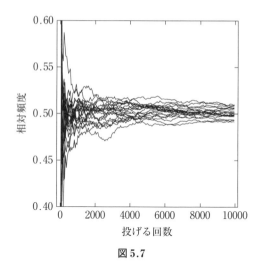

図 5.7

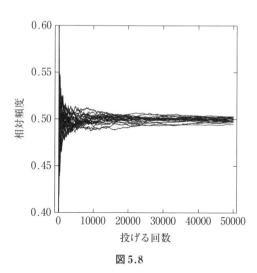

図 5.8

よく，中学校や高等学校の確率の授業で，このような方法で「相対頻度の安定性」を実験的に確かめようとするのであるが，100 回や 1000 回，いや 10000 回投げても，なかなか実証できないのが本当のところである．

5.3 大数の強法則の定理　　　101

数学の本などでも,「多数回実験すれば $\frac{1}{2}$ に近づく」として, 都合の良い
グラフが載っていたりするが, そのようなグラフになることなどめったにな
いのである.

なお, 相対頻度の安定性から確率を導入するときには, 大数の弱法則を使
えばよい. 大数の弱法則ならば, 5.1 節で調べたように, 相対頻度が $\frac{1}{2}$ に
安定していくことが確実に示せて失敗しないからである. 大数の強法則で
は, 図 5.8 のように $\frac{1}{2}$ になかなか近づかないことがわかる.

5.3 大数の強法則の定理

5.2 節は, コイン投げの偶然現象を例にとったが, この事実を数学的に表
したのが**大数の強法則**とよばれるものである.

5.3.1 大数の強法則（二項分布の場合）

定理　$P(X_k = 1) = p$, $P(X = 0) = 1 - p$, $S_n = X_1 + X_2 + \cdots + X_n$ と
すると, S_n はパラメータ p をもつ二項分布に従う確率変数となる. このと
き, 次の式が成り立つ.

$$P\left(\lim_{n\to\infty} \frac{S_n}{n} = p\right) = 1$$

これは次のことと同等である.

$$P\left(\text{任意の } \varepsilon > 0 \text{ に対し, 数 } N \text{ があり, } n > N \text{ のとき } \left|\frac{S_n}{n} - p\right| < \varepsilon\right) = 1$$

より一般的には, 次の 5.3.2 項の定理が成り立つ.

5.3.2 大数の強法則（一般の場合）

大数の強法則は, 二項分布だけでなく, 一般の確率変数についても成り立
つ. これが次に述べる定理であるが, 証明は多少難しいので, 最初は読み飛
ばしてもよい.

定理　平均値が同じ m で, 互いに独立な確率変数列 $X_1, X_2, \cdots, X_n$ がある
とする. $S_n = X_1 + X_2 + \cdots + X_n$, $m = E(X_k)$ とおくとき, 次のことが

成り立つ.

$$P\left(\lim_{n\to\infty}\frac{S_n}{n} = m\right) = 1$$

これは，次のことと同等である.

$$P\left(\text{任意の } \varepsilon > 0 \text{ に対し，数 } N \text{ があり，} n > N \text{ につき} \left|\frac{S_n}{n} - m\right| < \varepsilon\right) = 1$$

これは，大数の弱法則が $\frac{S_n}{n} \to m$ (in P) であるのに対し，大数の強法則は $\frac{S_n}{n} \to m$ (a.e.) であることを意味している.

本書では，2通りの証明を紹介する．4乗の期待値 $E(X^4)$ の存在を仮定し，ボレル–カンテーリの補題を用いる方法と，これを用いない方法である.

5.4 大数の強法則の定理の証明

はじめに，5.1.2項で述べたチェビシェフの不等式の拡張を示しておく.

［チェビシェフの不等式の拡張］

確率変数 X の期待値を $m = E(X)$ とし，$E((X-m)^{2k}) = \mu_{2k}$ とおくと，

$$P(|X - m| \geq \varepsilon) \leq \frac{\mu_{2k}}{\varepsilon^{2k}}$$

が成り立ち，余事象の確率を考えると，同じことであるが，

$$P(|X - m| < \varepsilon) \geq 1 - \frac{\mu_{2k}}{\varepsilon^{2k}}$$

も成り立つ（この証明は付録 A.1 を参照）.

はじめに，$m = 0$ としても一般性を失わないことを確認しておく．それは，$Z_k = X_k - m$ とおくと $\dfrac{Z_1 + Z_2 + \cdots + Z_n}{n} = \dfrac{X_1 + X_2 + \cdots + X_n}{n} - m$ となり，$\displaystyle\lim_{n\to\infty}\frac{X_1 + X_2 + \cdots + X_n}{n} = m$ と $\displaystyle\lim_{n\to\infty}\frac{Z_1 + Z_2 + \cdots + Z_n}{n} = 0$ とは同じことだからである．そこで，同じ $X_1, X_2, \cdots, X_n$ のままにして，$m = 0$ として証明すればよい.

このとき，チェビシェフの不等式の拡張において $k = 2,\ 2k = 4$ とすると，次のことがわかる．

$$P\left(\left|\frac{X_1 + X_2 + \cdots + X_n}{n}\right| \geq \varepsilon\right) = P(|X_1 + X_2 + \cdots + X_n| \geq n\varepsilon)$$

$$\leq \frac{E((X_1 + X_2 + \cdots + X_n)^4)}{(n\varepsilon)^4}$$

ここで，$(X_1 + X_2 + \cdots + X_n)^4$ を展開して期待値をとるのであるが，X_k はすべて互いに独立なので，展開したときに番号が異なる場合，例えば展開して $X_1 X_2 X_3 X_4$ となったときに期待値は積になるので，$E(X_1 X_2 X_3 X_4) = E(X_1)\,E(X_2)\,E(X_3)\,E(X_4) = 0$ となる．

また，3 つが同じで，1 つが異なる場合，例えば，$E(X_1 X_4^3) = E(X_1)\,E(X_4^3)$ も 0 になる．0 にならないのは，4 つとも同じ番号のときと，2 つずつ同じ番号のときだけである．

したがって，次のようにまとめられる．

$$E((X_1 + X_2 + \cdots + X_n)^4) = \sum_{k=1}^{4} E(X_k^4) + 6\sum_{i \neq j} E(X_i^2)\,E(X_j^2)$$

この式の中で現れる係数 6 は，次の多項定理によるものである．

$$(X_1 + X_2 + \cdots + X_n)^4 = \sum_{p_1 + \cdots + p_n = 4} \frac{4!}{p_1! \cdots p_n!} X_1^{p_1} \cdots X_n^{p_n}$$

実際，$p_1, p_2, \cdots, p_n$ のうち 2 つが 2 で，他の p_k は 0 のとき，$\dfrac{4!}{2! \cdot 2!} = 6$ となる．また，n 個から異なる 2 個を選ぶ組合せは $_nC_2 = \dfrac{n(n-1)}{2}$ であるから，次の不等式にまとめられる．

$$E((X_1 + X_2 + \cdots + X_n)^4) = n\,E(X_k^4) + 3n(n-1)\{E(X_k^2)\}^2$$

$$\leq n\,E(X_k^4) + 3n^2\{E(X_k^2)\}^2$$

ここで，次にイェンセンの不等式を使う．

[**イェンセンの不等式**]

X を確率変数とし，$h(x)$ を実数軸上の凸な関数とする．$h(X)$ の期待値が有限のとき，次の**イェンセンの不等式**が成り立つ．

$$E(h(X)) \geq h(E(X))$$

いま，凸関数として $h(x) = x^2$ をとると，イェンセンの不等式が成り立って，

$$\{E(X)\}^2 \leq E(X^2)$$

となり，これを X^2 に当てはめると，

$$\{E(X^2)\}^2 \leq E(X^4)$$

となり，まとめると，次の不等式が得られる．

$$E((X_1 + X_2 + \cdots + X_n)^4) \leq n^2 E(X_k^4) + 3n^2 E(X_k^4)$$
$$\leq 4n^2 E(X_k^4)$$

これより，

$$P\left(\left|\frac{X_1 + X_2 + \cdots + X_n}{n}\right| \geq \varepsilon\right) \leq \frac{E((X_1 + X_2 + \cdots + X_n)^4)}{(n\varepsilon)^4}$$
$$\leq \frac{4n^2 E(X_k^4)}{(n\varepsilon)^4} = 4\frac{E(X_k^4)}{\varepsilon^4}\frac{1}{n^2}$$

となる．

ここで辺々ともに n についての無限和をとると，

$$\sum_{n=1}^{\infty}\frac{1}{n^2} = \frac{\pi^2}{6} < \infty$$

のように，有限の値となる．この問題は**バーゼル問題**として知られており，1735 年にレオンハルト・オイラーによってはじめて証明された．

したがって，次の不等式が得られる．

$$\sum_{n=1}^{\infty}P\left(\left|\frac{X_1 + X_2 + \cdots + X_n}{n}\right| \geq \varepsilon\right) < \infty \tag{5.2}$$

ここで，**ボレル−カンテーリの補題**が必要となるが，準備として，**上極限集合**と**下極限集合**の定義をしておく必要がある．

確率空間 $(\Omega, \mathcal{F}, P)$ があり，$\mathcal{F}$ に属する可算無限個の事象 $A_1, A_2, \cdots, A_n,$ $\cdots$ があるとする．このとき，次の集合を**上極限集合**といい，$\limsup_{n\to\infty} A_n$ と表す．

$$\limsup_{n\to\infty} A_n = \bigcap_{n=1}^{\infty}\bigcup_{k=n}^{\infty} A_k$$

また，次の集合を**下極限集合**といい，$\liminf_{n\to\infty} A_n$ と表す．

$$\liminf_{n\to\infty} A_n = \bigcup_{n=1}^{\infty}\bigcap_{k=n}^{\infty} A_k$$

5.4 大数の強法則の定理の証明

確率論の公理より,$\limsup\limits_{n\to\infty} A_n$, $\liminf\limits_{n\to\infty} A_n$ は $\mathcal{F}$ に属する.$\omega \in \limsup\limits_{n\to\infty} A_n$($\omega$ は Ω の要素)とは,任意の n に対して ω が $\bigcup\limits_{k=n}^{\infty} A_k$ に入っていることであり,n 以上のどこかの A_k に入っていること,すなわち,「無限個の A_n に入っている」ことを意味している.

$$\omega \in \limsup_{n\to\infty} A_n \iff \text{無限個の } A_n \text{ に対して, } \omega \in A_n$$

一方,$\omega \in \liminf\limits_{n\to\infty} A_n$ とは,ある k に対して $\omega \in \bigcap\limits_{n=k}^{\infty} A_n$ であるから,ある番号以降のすべての A_n に入っていることを意味する.

$$\omega \in \liminf_{n\to\infty} A_n \iff \text{有限個の } A_n \text{ を除いて, すべての } A_n$$
$$\text{に対して, } \omega \in A_n$$

［ボレル‐カンテーリの補題］

（第1定理）

$\mathcal{F}$ に属する可算無限個の事象 $A_1, A_2, \cdots, A_n, \cdots$ をとる.このとき,次の式が成り立つ.

$$\sum_{n=1}^{\infty} P(A_n) < \infty \implies P\left(\limsup_{n\to\infty} A_n\right) = 0$$

（第2定理）

$\mathcal{F}$ に属する可算無限個の事象 $A_1, A_2, \cdots, A_n, \cdots$ が独立であるとする.このとき,次の式が成り立つ.

$$\sum_{n=1}^{\infty} P(A_n) = \infty \implies P\left(\limsup_{n\to\infty} A_n\right) = 1$$

大数の強法則の定理の証明　(5.2) より

$$\sum_{n=1}^{\infty} P\left(\left|\frac{S_n}{n}\right| \geq \varepsilon\right) = \sum_{n=1}^{\infty} P\left(\left|\frac{X_1 + X_2 + \cdots + X_n}{n}\right| \geq \varepsilon\right) < \infty$$

であった.

ボレル‐カンテーリの補題の第1定理により,

$$\sum_{n=1}^{\infty} P\left(\left|\frac{S_n}{n}\right| \geq \varepsilon\right) < \infty \implies P\left(\limsup_{n\to\infty}\left(\left|\frac{S_n}{n}\right| \geq \varepsilon\right)\right) = 0$$

$$P\left(\limsup_{n\to\infty}\left(\left|\frac{S_n}{n}\right| \geq \varepsilon\right)\right) = P\left(\bigcap_{n=1}^{\infty}\bigcup_{k=m}^{\infty}\left(\left|\frac{S_k}{k}\right| \geq \varepsilon\right)\right) = 0$$

であるから,余事象の確率計算から次の式が得られる.

第5章 大数の法則

$$P\left(\bigcup_{n=1}^{\infty}\bigcap_{k=n}^{\infty}\left(\left|\frac{S_k}{k}\right|<\varepsilon\right)\right)=1$$

$\omega\in\bigcup_{n=1}^{\infty}\bigcap_{k=n}^{\infty}\left(\left|\frac{S_k(\omega)}{k}\right|<\varepsilon\right)$ というのは，ある番号 n があり，その番号以降のすべての k について $\left|\frac{S_k(\omega)}{k}\right|<\varepsilon$ が成り立っていることを意味している．

すなわち，任意の $\varepsilon>0$ に対して N があり，$n\geq N$ となるすべての n について，$\left|\frac{S_n(\omega)}{n}\right|<\varepsilon$ となる ω の集合の確率が 1 であることを意味している．これで大数の強法則が証明された． 終

　以上紹介した証明は，$E(X^4)$ の存在を仮定している．また，ボレル‐カンテーリの補題を使うなど，多少難しく感じられるかもしれないが，付録 A.6 に紹介する証明は，$E(X^4)$ の存在を仮定せず，ボレル‐カンテーリの補題も使わないので比較的わかりやすいものである．

　問題5.2　次の問いに答えよ．

（1）　ある事象 A が1回の試行で起きる確率が 0.4 となる偶然現象があるとする．A君がこの試行を100回行ったとき，事象 A が起きる相対頻度を毎回求めるとして，100回までの相対頻度の値の変化をグラフで表せ．

（2）　（1）における回数 100 を 1000 にしたときの結果をグラフで表せ．

（3）　（1）における回数 100 を 10000 にしたときの結果をグラフで表せ．

（4）　（3）の実験を A君，B君，C君，D君，E君の5人が行ったときのグラフを同時に表せ．

（5）　上の結果からわかることをまとめよ．

◆ **本章の内容** ◆

　確率論というと思い浮かべるのは正規分布というくらい，正規分布は確率論の花形である．なぜ正規分布が重要かというと，いろいろな確率分布が正規分布に近づいていくという**中心極限定理**があるからである．偶然的な要因が多数重なると，正規分布に近づいていくのである．

　本章では，二項分布が正規分布に近づいていくことを述べる．もちろん，正規分布を必要以上に過信してはならない．例えば，人間の能力などは個性もあり，いろいろな側面があるので，人間の能力まで正規分布に当てはめられるなどと考えてはいけない．

◆ **確率論の中での本章の位置づけ** ◆

　本章では，いろいろな確率分布の中で中心的な役割を果たすのが正規分布であることを述べる．すなわち，中心極限定理は確率論の中でも大数の法則と並ぶ極めて重要な内容といえる．

◆ **本章のゴール** ◆

　試行回数が増えると二項分布が正規分布に近くなっていくことを理解し，二項分布の代わりに正規分布を近似的に使えることを知り，実際に活用できるようになることがゴールである．なお，二項分布の計算はコンピューターがないとできないが，正規分布は便利な表があるので，それを使えるようになればよい．

6.1　偶然現象の解析から中心極限定理へ

　いま，サイコロを n 回投げたときに ⚀ が出る回数を S_n とし，平均が 0

で標準偏差が1である標準正規分布と比較するために，次のように変換した S_n^* を導入する（これを**正規化**という）．

$$S_n^* = \frac{S_n - np}{\sqrt{npq}} \tag{6.1}$$

S_n^* のグラフが次第に標準正規分布のグラフに近づいていくことを確かめてみよう．

サイコロを10回投げたときに ⚀ が出る回数 S_{10} から導かれる S_{10}^* の分布そのものを柱状グラフ（ヒストグラム）で表すと，例えば図6.1のようになる．　　　　　Prog[6-1]

横軸の値は，S_{10}^* の値である．縦軸の値は，S_{10}^* を定めるときに横軸の値を $\sqrt{npq}$ で割っているので，全面積が1にならない．そこで，縦軸の値は $\sqrt{npq}$ 倍して，全面積が1になるようにしてある．こうすると，標準正規分布との比較がしやすくなる．

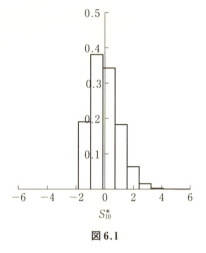

図 6.1

サイコロを投げる回数を増やして，50回，200回投げたときに ⚀ が出る回数 S_{50}，S_{200} から導かれた S_{50}^* と S_{200}^* の分布を柱状グラフ（ヒストグラム）で表すと，それぞれ図6.2，図6.3のようになる．このように，サイコロを投げる回数を増やしていくと，標準正規分布のグラフ（図6.4）に近くなっていくことがわかるだろう．

サイコロを100回投げた場合の正規化された二項分布 S_{100}^* のグラフと，標準正規分布のグラフを同時に描いてみると，図6.5のようにほとんど同じで重なってしまい，区別がつかないほどである．つまり，n を増やしていくと，正規化された二項分布 S_n^* の分布の仕方は，標準正規分布に近づいていくことがわかる．しかも，10000回とか投げてみなくても，100回でも充分に"近づいていく"ことがわかるし，近づき方はかなり速いペースであることもわかる．

6.1 偶然現象の解析から中心極限定理へ

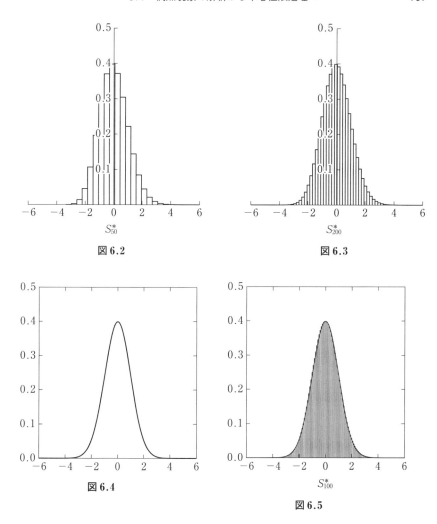

図 6.2

図 6.3

図 6.4

図 6.5

このような偶然現象の解析から，次節で述べるような**中心極限定理**とよばれる定理が成り立つのである．

問題 6.1 次の問いに答えよ．

(1) 1回の試行で事象 A が起きる確率が $p = P(A) = 0.1$ であるとし，$q = 1 - p$ とおく．この試行を 10 回行ったとき，A が起きる回数を表す確率変数を S_{10} とする．これを正規化した確率変数を

110 　第6章　中心極限定理

$$S_{10}^* = \frac{S_{10} - 10 \times 0.1}{\sqrt{10pq}}$$

とおいたとき，S_{10}^* の分布をヒストグラムで表せ．

（2）　（1）において，10 のところを 100 にした場合のグラフをヒストグラムで表せ．

（3）　（1）において，10 のところを 1000 にした場合のグラフをヒストグラムで表せ．

（4）　以上の結果を，標準正規分布のグラフと比較してわかることをまとめよ．

6.2　ド・モアブル–ラプラスの中心極限定理

中心極限定理を公理系に基づく体系の中で定理としてまとめると次のようになる．ただし，ここでは二項分布を基にしており，この場合を**ド・モアブル–ラプラスの中心極限定理**という．

ド・モアブル–ラプラスの中心極限定理　1 回の試行で事象 A の起きる確率を $p = P(A)$ とし，$q = 1 - p$ とおく．この試行を n 回行ったとき，A の起きる回数を表す確率変数を S_n とおく．これを正規化した $\dfrac{S_n - np}{\sqrt{npq}}$ の分布は，$n \to \infty$ のとき，標準正規分布に近づき，次の式が成り立つ．

$$\lim_{n \to \infty} P\left(a < \frac{S_n - np}{\sqrt{npq}} < b\right) = \frac{1}{\sqrt{2\pi}} \int_a^b e^{-\frac{x^2}{2}} \, dx \qquad (6.2)$$

はじめに，この定理のもとになる**局所極限定理**を紹介しよう．

補題（局所極限定理）　$P(S_n = k) = {}_n\mathrm{C}_k p^n q^{n-k} = b(k; n, p)$ とおく．このとき，次の式が成り立つ（証明は付録 A.7 を参照）．

$$b(k; n, p) \sim \frac{1}{\sqrt{2\pi npq}} e^{-\frac{(k-np)^2}{2npq}} \qquad (n \to \infty)$$

ここで $f(n) \sim g(n) \, (n \to \infty)$ とは，$\displaystyle \lim_{n \to \infty} \frac{f(n)}{g(n)} = 1$ という意味である．

では，ド・モアブル–ラプラスの中心極限定理を補題を前提に証明しよう．

証明　いま，各 n に対して自然数の集合 T_n を

$$T_n = \{k \mid a\sqrt{npq} + np < k < b\sqrt{npq} + np\}$$

のように定めると，局所極限定理より，次の式が成り立つ．

$$P\left(a < \frac{S_n - np}{\sqrt{npq}} < b\right) = P(a\sqrt{npq} + np < S_n < b\sqrt{npq} + np)$$

$$= \sum_{k \in T_n} {}_nC_k\, p^k q^{n-k} \sim \sum_{k \in T_n} \frac{1}{\sqrt{2\pi npq}}\, e^{-\frac{(k-np)^2}{2npq}}$$

$$= \frac{1}{\sqrt{2\pi}} \lim_{n\to\infty} \sum_{k \in T_n} e^{-\frac{(k-np)^2}{2npq}} \cdot \frac{1}{\sqrt{npq}}$$

ここで改めて $\dfrac{k - np}{\sqrt{npq}} = t_k$ とおくと，$t_{k+1} - t_k = \dfrac{1}{\sqrt{npq}}$ となることから

$$\lim_{n\to\infty} P\left(a < \frac{S_n - np}{\sqrt{npq}} < b\right) = \frac{1}{\sqrt{2\pi}} \lim_{n\to\infty} \sum_{k \in T_n} e^{-\frac{t_k^2}{2}} (t_{k+1} - t_k) = \frac{1}{\sqrt{2\pi}} \int_a^b e^{-\frac{t^2}{2}}\, dt$$

となり，中心極限定理が示せた（最後の等式は積分の定義による）. 　　[終]

補題の証明については，「数学シリーズ　確率論」（福島正俊 著，裳華房）の第 6 章も参照するとよい（福島先生は，著者が大学院の学生のときにお世話になった恩師の一人である）.

問題 6.2　ある農家で，出荷したい果物が山のように積まれている．ただし，これまでの調査から，この果物の山には不良品が 10% 含まれていることがわかっているとする．この果物の山から果物を 10000 個取り出したとき，不良品が 1050 個以上含まれている確率を求めよ．ただし，二項分布を正規分布で近似して求めよ．

第7章 積率母関数

◆ **本章の内容** ◆

確率変数 X から定まる実数値関数である**積率母関数**を，e^{tX} の期待値として定め，その定義，性質，有効性，具体例を解説する．また，具体的な分布の積率母関数についても解説する．

◆ **確率論の中での本章の位置づけ** ◆

積率母関数が有効なのは，X^k の期待値が求めやすいということと，確率変数 X と Y の積率母関数が一致しているならば，X と Y について，$X = k$，$Y = k$ となる確率が等しい，つまり，2つの確率分布は一致するという便利な性質があるからである．すなわち，確率分布と積率母関数は1対1に対応しているのである．この性質は便利で，確率変数の分布を調べるのに積率母関数を調べればよいというわけである．また，積率母関数から k 次のモーメント（積率）が求められるという利点もある．

◆ **本章のゴール** ◆

本章のゴールは，二項分布や正規分布などの具体的かつ典型的な確率分布の積率母関数について，それらの求め方の概要を理解し，道具として使えるようになることである．

7.1 積率母関数の定義

確率変数 X に対して，t を変数とする e^{tX} の期待値 $E(e^{tX})$ で定まる次のような関数 $M_X(t)$ を，X の**積率母関数**または**モーメント母関数**という．

$$M_X(t) = E(e^{tX}) \tag{7.1}$$

積率母関数は，独立変数も従属変数も実数なので，普通にグラフを描くことができる．このグラフを載せている本はほとんどないが，本書ではできるだけ多く紹介する．

X が

X のとる値	x_1	x_2	$\cdots$	x_n
確　率	p_1	p_2	$\cdots$	p_n

の表のような離散型確率変数の場合には，積率母関数 $M_X(t)$ は

$$M_X(t) = e^{x_1 t} p_1 + e^{x_2 t} p_2 + \cdots + e^{x_n t} p_n$$

のように表せる．

また，X が連続型確率変数で，確率密度関数が $f_X(x)$ で与えられるときは

$$M_X(t) = \int_{-\infty}^{\infty} e^{tx} f_X(x)\, dx \tag{7.2}$$

のように表される．

7.2　積率母関数の性質

ここでは，積率母関数の基本的な性質を 3 つ紹介しておこう．

1. 1つ目の性質は，次のように，積率母関数を微分して $t = 0$ を代入すれば，期待値 $E(X^k)$ $(k = 0, 1, 2, \cdots)$ が求められるということである．

$$M_X(0) = 1$$
$$M_X^{(1)}(0) = E(X)$$
$$M_X^{(2)}(0) = E(X^2)$$
$$\vdots \qquad \vdots$$
$$M_X^{(k)}(0) = E(X^k)$$

このことを証明するために，まず，指数関数のテイラー展開

$$e^x = 1 + \frac{x}{1!} + \frac{x^2}{2!} + \cdots + \frac{x^n}{n!} + \cdots$$

を，$x = tX$ として積率母関数の定義 (7.1) に代入すると

$$M_X(t) = E(e^{tX}) = E\left(1 + \frac{tX}{1!} + \frac{(tX)^2}{2!} + \cdots + \frac{(tX)^n}{n!} + \cdots\right)$$

$$= 1 + \frac{E(X)}{1!}t + \frac{E(X^2)}{2!}t^2 + \cdots + \frac{E(X^n)}{n!}t^n + \cdots$$

となる.

ここで, t について何回か微分していくと

$$M_X^{(1)}(t) = E(X) + \frac{E(X^2)}{1!}t + \cdots + \frac{E(X^n)}{(n-1)!}t^{n-1} + \cdots$$

$$M_X^{(2)}(t) = E(X^2) + \cdots + \frac{E(X^n)}{(n-2)!}t^{n-2} + \cdots$$

$$\vdots \qquad\qquad \vdots$$

$$M_X^{(k)}(t) = E(X^k) + \frac{E(X^{k+1})}{1!}t + \frac{E(X^{k+2})}{2!}t^2 + \cdots$$

となり, $t = 0$ を代入すると, 最初に挙げた関係式が得られる.

一般に, $E(X^k)$ を「k 次の積率(モーメント)」というので, $M_X(t)$ は, 積率をつくり出すという意味で, 「積率母関数」とよばれるようになった. この積率母関数 $M_X^{(k)}(t)$ が求められていれば, $t = 0$ とするだけで, X の平均値や分散を含め, 「k 次の積率」も容易に求められるわけである.

2. 2つ目の性質は, X と Y が独立ならば, $X + Y$ の積率母関数が X の積率母関数と Y の積率母関数の積に等しいということであり, 2つの確率変数 X と Y が独立ならば, 次のようになる.

$$M_{X+Y}(t) = E(e^{t(X+Y)}) = E(e^{tX+tY}) = E(e^{tX} \cdot e^{tY})$$

$$= E(e^{tX})E(e^{tY}) = M_X(t)M_Y(t)$$

なお, 上の変形では, X と Y が独立であれば e^{tX} と e^{tY} も独立になることを使っている(テイラー展開による).

3. 3つ目の性質は, 確率変数 X と Y の積率母関数が一致しているならば, X と Y の確率分布は一致し, 確率分布と積率母関数は1対1に対応していることである.

いま, X と Y の積率母関数が, すべての t について $M_X(t) = M_Y(t)$ が成り立っているとすると, 積率母関数の定義から

$$E(e^{tX}) = E(e^{tY})$$

$$\sum_{k=0}^{\infty} e^{tk} f_X(k) = \sum_{k=0}^{\infty} e^{tk} f_Y(k)$$

となる．ここで，$e^t = s$ とおいて上式に代入すると

$$\sum_{k=0}^{\infty} s^k \{f_X(k) - f_Y(k)\} = 0$$

より，

$$f_X(k) - f_Y(k) = 0$$

となる．最後の変形は，任意の s に対して $\sum_{k=0}^{\infty} s^k a_k = 0$ が成り立つならば $a_k = 0$ が成り立つ，という恒等式の性質からきている．

ここで挙げた 3 つの性質は，具体的な確率分布の積率母関数を求めるのにも役に立つ．

7.3　積率母関数の例

積率母関数の一般論だけではどんなものかよくわからないと思うので，ここでは，具体的な確率分布の積率母関数がどんな形になるかを調べて，その結果をグラフに描いて理解を深めよう．

7.3.1　サイコロ投げの例

サイコロを投げたときに，出た目の数の 10 倍を与える確率変数 X を考えてみる．

X のとる値	10	20	30	40	50	60
確　率	$\frac{1}{6}$	$\frac{1}{6}$	$\frac{1}{6}$	$\frac{1}{6}$	$\frac{1}{6}$	$\frac{1}{6}$

この場合の積率母関数 $M_X(t)$ は，定義式 (7.1) より

$$M_X(t) = e^{10t} \times \frac{1}{6} + e^{20t} \times \frac{1}{6} + e^{30t} \times \frac{1}{6} + e^{40t} \times \frac{1}{6} + e^{50t} \times \frac{1}{6}$$

$$+ e^{60t} \times \frac{1}{6}$$

$$= \frac{\sum_{k=1}^{6} e^{10kt}}{6}$$

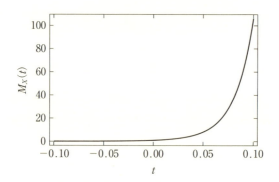

図 7.1

となり，このグラフは例えば図 7.1 のようになる． Prog[7-1]

7.3.2 二項分布の積率母関数

1 回の試行で事象 A の起きる確率を $p = P(A)$，A が起きない確率を $q = 1 - p$ とおく．この試行を n 回独立に行うとき，事象 A が起きる回数 S_n の分布は，(4.2) より

$$P(S_n = k) = {}_n\mathrm{C}_k p^k q^{n-k} \tag{7.3}$$

のように表せるので，S_n の積率母関数は定義式 (7.1) より

$$M_X(t) = E(e^{tX}) = \sum_{k=1}^{n} e^{tk} {}_n\mathrm{C}_k p^k q^{n-k} = \sum_{k=1}^{n} {}_n\mathrm{C}_k (pe^t)^k q^{n-k}$$
$$= (pe^t + q)^n$$

となる．なお，最後の変形では，二項定理

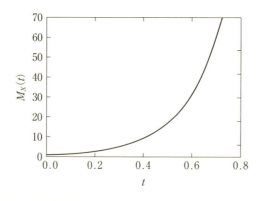

図 7.2

$$(a+b)^n = \sum_{k=1}^{n} {}_n\mathrm{C}_k a^k b^{n-k}$$

の関係を使った．

二項分布の積率母関数のグラフは，例えば図 7.2 のようになる．

Prog[7-2]

問題 7.1 次の問いに答えよ．

（1） サイコロを投げて，出た目の数の 100 倍を与える確率変数 X の積率母関数を求めよ．

（2） 1 回の試行で不良品が出る確率が $P(A) = 0.1$ のとき，10 回繰り返したときに不良品が出る個数の分布 S_{10} の積率母関数を求めよ．

7.3.3 ポアソン分布の積率母関数

確率変数 X がパラメータ m のポアソン分布に従うとき，1.4.1 項で述べたように，

$$P(X = k) = e^{-m} \frac{m^k}{k!} \qquad (k = 0, 1, 2, \cdots)$$

のように表せるので，積率母関数は定義式 (7.1) より

$$M_X(t) = \sum_{k=0}^{\infty} e^{tk} \cdot e^{-m} \frac{m^k}{k!} = e^{-m} \sum_{k=0}^{\infty} \frac{(me^t)^k}{k!} = e^{-m} e^{me^t}$$
$$= e^{m(e^t - 1)}$$

となる．なお，上の変形では，次の e^x のテイラー展開を使った．

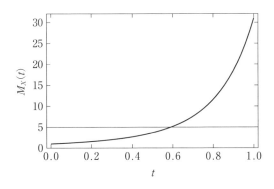

図 7.3

$$e^x = 1 + \frac{x}{1!} + \frac{x^2}{2!} + \cdots + \frac{x^n}{n!} + \cdots = \sum_{k=0}^{\infty} \frac{x^k}{k!}$$

$m = 2$ の場合のポアソン分布の積率母関数のグラフは，例えば図 7.3 のようになる． Prog[7-3]

問題 7.2 確率変数 X が平均値 $m = 3$ のポアソン分布に従うとき，X の積率母関数 $M_X(t)$ を求めよ．

7.3.4 正規分布の積率母関数

確率変数 X が，平均値 m，標準偏差 σ の正規分布に従う場合の積率母関数 $M_X(t)$ を求めてみる．

1.4.2 項で述べたように，X の確率密度関数 $f_X(x)$ は

$$f_X(x) = \frac{1}{\sqrt{2\pi}\,\sigma} e^{-\frac{1}{2\sigma^2}(x-m)^2}$$

のように表されるので，その積率母関数 $M_X(t)$ は (7.2) より

$$M_X(t) = \int_{-\infty}^{\infty} e^{tx} \frac{1}{\sqrt{2\pi}\,\sigma} e^{-\frac{(x-m)^2}{2\sigma^2}}\, dx$$

のように表される．

ここで，$\dfrac{x-m}{\sigma} = y,\ x = m + \sigma y,\ dx = \sigma\, dy$ と変数変換をすると

$$M_X(t) = \int_{-\infty}^{\infty} \frac{e^{t(m+\sigma y)}}{\sqrt{2\pi}} e^{-\frac{y^2}{2}}\, dy = e^{mt} \int_{-\infty}^{\infty} e^{\sigma t y} \frac{1}{\sqrt{2\pi}} e^{-\frac{y^2}{2}}\, dy$$

$$= \frac{e^{mt}}{\sqrt{2\pi}} \int_{-\infty}^{\infty} e^{\sigma t y - \frac{1}{2}y^2}\, dy = \frac{e^{mt}}{\sqrt{2\pi}} \int_{-\infty}^{\infty} e^{-\frac{1}{2}(y-\sigma t)^2 + \frac{\sigma^2}{2}t^2}\, dy$$

$$= e^{mt + \frac{\sigma^2}{2}t^2} \int_{-\infty}^{\infty} \frac{1}{\sqrt{2\pi}} e^{-\frac{(y-\sigma t)^2}{2}}\, dy = e^{mt + \frac{\sigma^2}{2}t^2}$$

となる．これで，正規分布の積率母関数が求められた．最後の等式は，正規分布の全確率が 1 であることによる．

例えば，$m = 0$，$\sigma = 1$ の標準正規分布の積率母関数は

$$M_X(t) = e^{\frac{1}{2}t^2}$$

となり，このグラフは例えば図 7.4 のようになる． Prog[7-4]

平均値 m と標準偏差 σ の値を変えると，$m = 0.2$，$\sigma = 1$ の正規分布の

7.3 積率母関数の例

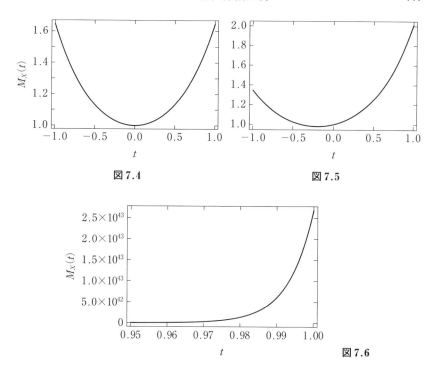

図 7.4　　　　　　　　図 7.5

図 7.6

積率母関数のグラフは少し異なってきて,例えば図 7.5 のようになる.

Prog[7-5]

平均値と標準偏差をさらに変化させると, $m = 50$, $\sigma = 10$ の正規分布の積率母関数のグラフは標準正規分布の場合とはかなり異なってきて,例えば図 7.6 のようになる.

Prog[7-6]

問題 7.3 平均値 $m = 60$, 標準偏差 $\sigma = 20$ の正規分布をする確率変数 X の積率母関数 $M_X(t)$ を求めよ.

7.3.5 指数分布の積率母関数

確率変数 X の分布がパラメータ $\lambda > 0$ の指数分布に従うときの密度関数は

$$f_X(x) = \begin{cases} \lambda e^{-\lambda x} & (x \geq 0) \\ 0 & (x < 0) \end{cases}$$

のように表されるので,このときの X の積率母関数 $M_X(t)$ は

$$M_X(t) = \int_0^\infty e^{tx} \lambda e^{-\lambda x}\, dx = \lambda \int_0^\infty e^{(t-\lambda)x}\, dx$$
$$= \lambda \left[\frac{e^{(t-\lambda)x}}{t-\lambda} \right]_0^\infty = \frac{\lambda}{t-\lambda} \left[e^{(t-\lambda)x} \right]_0^\infty$$

となる.ここで,$t > \lambda$ の範囲においては $\lim_{x\to\infty} e^{(t-\lambda)x} = \infty$ となるので,積率母関数は存在しない.$t < \lambda$ の範囲においては,$\lim_{x\to\infty} e^{(t-\lambda)x} = 0$ となるので,このとき積率母関数は

$$M_X(t) = \frac{\lambda}{t-\lambda}(0-1) = \frac{\lambda}{\lambda-t} \qquad (t < \lambda)$$

となり,例えば $\lambda = 5$ のときのグラフは図 7.7 のようになる. Prog[7-7]

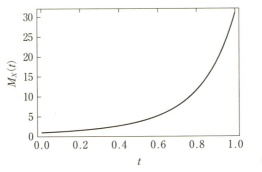

図 7.7

問題 7.4 確率変数 X が,パラメータ $\lambda = 3$ の指数分布に従うとき,その積率母関数 $M_X(t)$ を求めよ.

◆ 本章の内容 ◆

「特性」の意味を辞書で調べると，「あるものに特別に備わっている性質．特有の性質．特質．」（「大辞林 第三版」（三省堂））とあるが，確率論で扱う**特性関数**は，「確率変数に対して特別な性質が備わっている関数」である．積率母関数と似ているが，特性関数は複素数の値をとる関数であり，特性関数がわかると，元になっている確率変数の分布が特定できるという優れものである．特性関数列の収束を示すことにより，確率変数列の収束が結論できたりするので便利である．

本章では，この優れた性質をもつ特性関数の定義・性質・応用例等について述べる．

◆ 確率論の中での本章の位置づけ ◆

特性関数の特徴は何といっても，分布と 1 対 1 に対応するという性質である．確率分布のことを示すには，その特性関数の性質を示せばよいというわけである．一般の中心極限定理を証明するのに，特性関数の収束を証明することで正規分布に近づくことが証明できるという優れた性質をもち，確率論において強力な武器となっている．

◆ 本章のゴール ◆

本章のゴールは，確率変数の性質を知るのに，特性関数を知ることで代用できることを理解すること．とりわけ，一般の中心極限定理を証明するのに，S_n^* が正規分布に近づくことを，S_n^* の特性関数が正規分布の特性関数に近づくことで示せるという論理を理解することが求められる．細かい証明は自力でできなくてもよいが，証明の概要を理解することが必要である．

8.1 特性関数の定義と基本性質

8.1.1 特性関数の定義

特性関数とは，確率変数 X に対して次のように定まる関数 $\phi_X(t)$ のことである．

$$\phi_X(t) = E(e^{itX}) \tag{8.1}$$

ここで i は虚数単位 $i = \sqrt{-1}$, $i^2 = -1$ であり，特性関数は複素数の値をとる．

一見すると，積率母関数の定義式 (7.1) に似ているが，期待値をとる関数で，e^{tX} の代わりに e^{itX} と，虚数の i が入っている点が異なっている．

特性というのは，この関数 (8.1) が確率変数 X の分布の性質をよく表しているという意味であり，後で述べるように，特性関数が一致すれば確率分布も一致する．この性質のおかげで，二項分布だけでなく，一般の独立な確率変数列の和が正規分布に近づいていくという中心極限定理を示すのに，特性関数が活躍してくれるのである．

ところで，微分積分で学ぶ，次の**オイラーの公式**を思い出して欲しい．これは，指数関数と三角関数を結ぶ，驚くべき公式である．

$$e^{i\theta} = \cos\theta + i\sin\theta \tag{8.2}$$

このオイラーの公式を使うと，特性関数は次のようにも表せる．

$$\phi_X(t) = E(\cos tX) + i\,E(\sin tX) \tag{8.3}$$

なお，確率変数 X に対する積率母関数は常に存在するとは限らないが，特性関数 $\phi_X(t)$ は常に存在するので便利である．

常に存在することは，e^{itX} が有界な関数 ($|e^{itX}| \leq 1$) であることから容易にわかる．また，$\phi_X(0) = E(e^{i \times 0X}) = E(1) = 1$ であり，$|\phi_X(t)| = |E(e^{itX})| \leq E(|e^{itX}|) = E(1) = 1$ もわかるであろう．

8.1.2 離散型確率変数の特性関数

コイン投げの確率変数の例

一番やさしい例として，コイン投げの特性関数を調べてみよう．コインを投げて表が出たら 10, 裏が出たら 20 を与える確率変数 X の場合，確率分布は次のように表される．

8.1 特性関数の定義と基本性質

	「表」	「裏」
X の値	10	20
確　率	$\dfrac{1}{2}$	$\dfrac{1}{2}$

期待値は確率変数の値に確率を掛けて足し合わせると得られるので，この例での特性関数は (8.1) より，

$$\phi_X(t) = e^{it\times 10} \times \frac{1}{2} + e^{it\times 20} \times \frac{1}{2}$$

となり，オイラーの公式を使って実部と虚部に分けると，次のようになる．

$$\phi_X(t) = (\cos 10t + i\sin 10t) \times \frac{1}{2} + (\cos 20t + i\sin 20t) \times \frac{1}{2}$$

$$= \frac{1}{2}(\cos 10t + \cos 20t) + i\cdot\frac{1}{2}(\sin 10t + \sin 20t)$$

t を動かすと $\phi_X(t)$ は複素平面上を動いていくが，$-10 < t < 10$ の範囲で 0.01 刻みに点をとって複素平面上にプロットしてみると，x 座標を $x = \frac{1}{2}(\cos 10t + \cos 20t)$ とし，y 座標を $y = \frac{1}{2}(\sin 10t + \sin 20t)$ として，(x, y) 平面に図示したのと同じになり，次のような図 8.1 が得られる．

Prog[8-1]

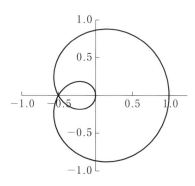

図 8.1

このような「特性関数の図示」は，日本でも世界でもあまり見かけない．複素関数を図示することは一般にはできないが，上のように考えると特性関

124　　　　　　　　　　第 8 章　特 性 関 数

数は図示できるのである.

一般の離散型確率変数の例

値 x_k をとる確率が p_k となるような離散型確率変数 X の場合, その分布は

X の値	x_1	x_2	$\cdots$	x_n
確　率	p_1	p_2	$\cdots$	p_n

のように表されるので, (8.1) より X の特性関数は次のように計算できる.

$$\phi_X(t) = e^{itx_1}p_1 + e^{itx_2}p_2 + \cdots + e^{itx_n}p_n$$

サイコロ投げの確率変数の例

具体的な例として, 今度はサイコロ投げにおいて, 出た目の 10 倍の数値を与える確率変数 X の特性関数を調べてみよう. このとき, 確率分布は,

X の値	10	20	30	40	50	60
確　率	$\frac{1}{6}$	$\frac{1}{6}$	$\frac{1}{6}$	$\frac{1}{6}$	$\frac{1}{6}$	$\frac{1}{6}$

のように表されるので, (8.1) より, 特性関数は次のように計算できる.

$$\phi_X(t) = e^{10it}\cdot\frac{1}{6} + e^{20it}\cdot\frac{1}{6} + e^{30it}\cdot\frac{1}{6} + e^{40it}\cdot\frac{1}{6} + e^{50it}\cdot\frac{1}{6} + e^{60it}\cdot\frac{1}{6}$$

これをオイラーの公式 (8.2) を使って変形すると,

$$\phi_X(t) = \frac{1}{6}\sum_{k=1}^{6} \cos 10kt + i \times \left(\frac{1}{6}\sum_{k=1}^{6} \sin 10kt\right)$$

となる.

ここで t を動かすと, $\phi_X(t)$ は複素平面上を動いていくが, $-10 < t < 10$ の範囲で x 座標と y 座標を 0.01 刻みに点をとって複素平面上にプロットしてみよう. これは,　　　　　　　　　　　　　　　　　　　　　Prog[8-2]

$$\begin{cases} x = \dfrac{1}{6}\sum_{k=1}^{6} \cos 10kt \\ y = \dfrac{1}{6}\sum_{k=1}^{6} \sin 10kt \end{cases}$$

として, (x, y) 平面に図示したのと同じグラフになっている (図 8.2).

8.1 特性関数の定義と基本性質

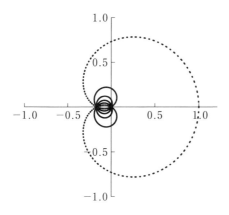

図 8.2

問題 8.1 サイコロ投げにおいて，出た目の 100 倍の数値を与える確率変数 X の特性関数を求めよ．

X の値	100	200	300	400	500	600
確 率	$\frac{1}{6}$	$\frac{1}{6}$	$\frac{1}{6}$	$\frac{1}{6}$	$\frac{1}{6}$	$\frac{1}{6}$

二項分布の特性関数

確率変数 X が二項分布に従うときは，4.2 節で述べたように，分布が

X の値	0	1	$\cdots$	k	$\cdots$	n
確 率	q^n	${}_n C_1 p^1 q^{n-1}$	$\cdots$	${}_n C_k p^k q^{n-k}$	$\cdots$	p^n

のように表されるので，(8.1) より特性関数は次のように計算できる．

$$\phi_X(t) = \sum_{k=0}^{n} e^{itxk} {}_n C_k p^k q^{n-k} = \sum_{k=0}^{n} {}_n C_k (e^{itk} p)^k q^{n-k} = (e^{it} p + q)^n \quad (8.4)$$

最後の等式は，前にも説明した二項定理の式

$$(a+b)^n = \sum_{k=0}^{n} {}_n C_k a^k b^{n-k}$$

による．この二項定理において，$a = e^{itk} p$, $b = q$ としたものが (8.4) である．

ここで t を動かすと $\phi_X(t)$ は複素平面上を動いていくが, $n=6$ のときに, $-10 < t < 10$ の範囲で 0.01 刻みに点をとってプロットすると, 図 8.3 が得られる. これは具体的に

$$\begin{cases} x = (p\cos t + ip\sin t + q)^6 \text{ の実数部分} \\ y = (p\cos t + ip\sin t + q)^6 \text{ の虚数部分} \end{cases}$$

として (x, y) 平面に図示したのと同じである. Prog[8-3]

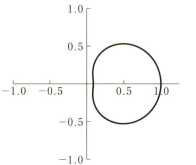

図 8.3

問題 8.2 コインを 10 回投げたとき, 表の出た回数とその確率を表す二項分布の確率変数 X の特性関数を求めよ.

問題 8.3 サイコロを 20 回投げたとき, ⚃ の出た回数とその確率を表す二項分布の確率変数 X の特性関数を求めよ.

ポアソン分布の特性関数

確率変数 X が平均値 μ のポアソン分布は, 1.4.2 項で述べたように, $X = k$ となる確率が

$$P(X = k) = e^{-\mu}\frac{\mu^k}{k!}$$

のように表されるので, この特性関数は次のように計算できる.

$$\phi_X(t) = E(e^{itX}) = \sum_{k=0}^{\infty} e^{itk} \cdot e^{-\mu} \cdot \frac{\mu^k}{k!} = e^{-\mu} \sum_{k=0}^{\infty} \frac{(\mu e^{it})^k}{k!}$$
$$= e^{-\mu} e^{\mu e^{it}} = e^{\mu(e^{it}-1)} \tag{8.5}$$

なお, 途中で, 指数関数 e^x (ここでは $x = \mu e^{it}$) のテイラー展開を用い

8.1 特性関数の定義と基本性質

ている.

ここで t を動かすと，$\phi_X(t)$ は複素平面上を動いていくのであるが，$-10 < t < 10$ の範囲で 0.01 刻みに点をとってプロットしてみると，これは

$$\begin{cases} x = e^{\mu(e^{it}-1)} \text{ の実数部分} \\ y = e^{\mu(e^{it}-1)} \text{ の虚数部分} \end{cases} = \begin{cases} x = e^{\mu\{(\cos t + i\sin t)-1\}} \text{ の実数部分} \\ y = e^{\mu\{(\cos t + i\sin t)-1\}} \text{ の虚数部分} \end{cases}$$

$$= \begin{cases} x = e^{\mu(\cos t - 1)}\cos(\mu\sin t) \\ y = e^{\mu(\cos t - 1)}\sin(\mu\sin t) \end{cases}$$

として，(x, y) 平面に図示したのと同じである．例えば，$\mu = 5$ とすると，次のような図 8.4 が得られる． Prog[8-4]

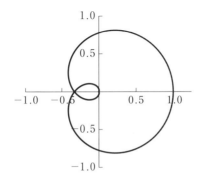

図 8.4

問題 8.4 平均値 $\mu = 3$ のポアソン分布の特性関数を求めよ．

8.1.3 連続型確率変数の特性関数

確率変数 X が，2.1.3 項で述べたような連続型確率変数で，確率密度関数 $f(x)$ をもつ場合，特性関数 $\phi_X(t)$ は次のように定義される．

$$\phi_X(t) = E(e^{itX}) = \int_{-\infty}^{\infty} e^{itx} f(x)\, dx \tag{8.6}$$

正規分布の特性関数

平均値が m で，分散が v の正規分布の特性関数を求めてみよう．

はじめに，平均値 $m = 0$，分散 $v = 1$ の標準正規分布 $N(0, 1)$ の特性関数を求めておくと，(8.6) より

$$\phi_{N(0,1)}(t) = \int_{-\infty}^{\infty} e^{itx} \cdot \frac{1}{\sqrt{2\pi}} e^{-\frac{x^2}{2}}\, dx = \frac{1}{\sqrt{2\pi}} \int_{-\infty}^{\infty} e^{-\frac{(x-it)^2}{2} - \frac{t^2}{2}}\, dx$$

$$= e^{-\frac{t^2}{2}} \cdot \frac{1}{\sqrt{2\pi}} \int_{-\infty}^{\infty} e^{-\frac{y^2}{2}} \, dy = e^{-\frac{t^2}{2}} \cdot 1 = e^{-\frac{t^2}{2}}$$

となるので，標準正規分布の特性関数は $e^{-\frac{t^2}{2}}$ であることがわかる．

なお，上の変形では，$x - it = y$, $dx = dy$ という置換積分を行った上で全確率は 1 であることから

$$\frac{1}{\sqrt{2\pi}} \int_{-\infty}^{\infty} e^{-\frac{y^2}{2}} \, dy = 1$$

の関係を用いた．

標準正規分布の特性関数から，平均値が m, 分散が v の一般の正規分布の特性関数が次のようにして求められる．

$$
\begin{aligned}
\phi_{N(m,v)}(t) &= \int_{-\infty}^{\infty} e^{itx} \frac{1}{\sqrt{2\pi}\,\sigma} e^{-\frac{(x-m)^2}{2\sigma^2}} \, dx = \int_{-\infty}^{\infty} \frac{1}{\sqrt{2\pi}\,\sigma} \cdot e^{itx} e^{-\frac{1}{2}\left(\frac{x-m}{\sigma}\right)^2} \, dx \\
&= \int_{-\infty}^{\infty} \frac{1}{\sqrt{2\pi}} \cdot e^{it(m+\sigma z)} e^{-\frac{z^2}{2}} \, dz = e^{imt} \int_{-\infty}^{\infty} e^{it\sigma z} \cdot \frac{1}{\sqrt{2\pi}} \cdot e^{-\frac{z^2}{2}} \, dz \\
&= e^{imt} \, \phi_{N(0,1)}(t\sigma) = e^{imt} e^{-\frac{(t\sigma)^2}{2}} \\
&= e^{imt - \frac{\sigma^2}{2}t^2} = e^{imt - \frac{v}{2}t^2}
\end{aligned}
\tag{8.7}
$$

上の変形では，途中で $z = \dfrac{x-m}{\sigma}$, $x = m + \sigma z$, $dx = \sigma \, dz$ という変数変換をしている．また，$\sigma = \sqrt{v}$ であることも用いている．

ここで t を動かすと，$\phi_X(t)$ は複素平面上を動いていくが，$-10 < t < 10$ の範囲で 0.01 刻みに点をとってプロットしてみると，これは

$$
\begin{cases}
x = e^{imt - \frac{v}{2}t^2} \text{ の実数部分} \\
y = e^{imt - \frac{v}{2}t^2} \text{ の虚数部分}
\end{cases}
=
\begin{cases}
x = (\cos mt + i \sin mt) e^{-\frac{v}{2}t^2} \text{ の実数部分} \\
y = (\cos mt + i \sin mt) e^{-\frac{v}{2}t^2} \text{ の虚数部分}
\end{cases}
$$

$$
=
\begin{cases}
x = e^{-\frac{v}{2}t^2} \cos mt \\
y = e^{-\frac{v}{2}t^2} \sin mt
\end{cases}
$$

として，(x, y) 平面に図示したのと同じである．

標準正規分布の場合，$m = 0$, $v = 1$ とすると実数になるので，$0 \le x \le 1$ の線分の上にだけプロットされた図 8.5 が得られる．そして，$m = 0.2$, $v = 1$ とすると図 8.6, $m = 5$, $v = 1$ とすると図 8.7, $m = 20$, $v = 5$ とすると図 8.8 が得られる．　　　　　　　　　　　　　　Prog[8-5]～[8-8]

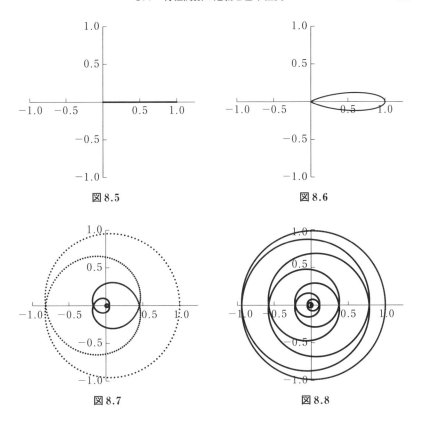

図 8.5　　　　　　　　　　　　図 8.6

図 8.7　　　　　　　　　　　　図 8.8

問題 8.5　平均値 50, 標準偏差 10 の正規分布に従う確率変数 X の特性関数を求めよ.

一様分布の特性関数

区間 $[a, b]$ での一様分布の特性関数を求めてみよう. 2.1.3 項で述べたように, このとき密度関数 $f(x)$ は

$$f(x) = \begin{cases} \dfrac{1}{b-a} & (a \leq x \leq b) \\ 0 & (x < a \text{ または } x > b) \end{cases}$$

のように表せるので, 特性関数は次のように計算できる.

$$\phi_X(t) = \int_a^b e^{itx} \frac{1}{b-a}\, dx = \frac{1}{b-a}\left[\frac{e^{itx}}{it}\right]_a^b = \frac{1}{b-a}\frac{e^{ibt} - e^{iat}}{it}$$

$$= \frac{e^{ibt} - e^{iat}}{it(b-a)}$$

ここで t を動かすと, $\phi_X(t)$ は複素平面上を動いていくので, $-10 < t < 10$ の範囲で 0.01 刻みに点をとってプロットしてみると, この図は

$$\begin{cases} x = \dfrac{e^{ibt} - e^{iat}}{it(b-a)} \text{ の実数部分} \\ y = \dfrac{e^{ibt} - e^{iat}}{it(b-a)} \text{ の虚数部分} \end{cases}$$

$$= \begin{cases} x = \dfrac{i(\cos bt + i\sin bt - \cos at - i\sin at)}{-(b-a)t} \text{ の実数部分} \\ y = \dfrac{i(\cos bt + i\sin bt - \cos at - i\sin at)}{-(b-a)t} \text{ の虚数部分} \end{cases}$$

$$= \begin{cases} x = \dfrac{1}{(a-b)t}\{i(\cos bt - \cos at) - (\sin bt - \sin at)\} \text{ の実数部分} \\ y = \dfrac{1}{(a-b)t}\{i(\cos bt - \cos at) - (\sin bt - \sin at)\} \text{ の虚数部分} \end{cases}$$

$$= \begin{cases} x = \dfrac{\sin at - \sin bt}{(a-b)t} \\ y = \dfrac{\cos bt - \cos at}{(a-b)t} \end{cases} \tag{8.8}$$

として, (x, y) 平面に図示したのと同じである. 例えば $a = 1$, $b = 2$ とすると図 8.9, $a = 3$, $b = 5$ とすると図 8.10 が得られる.

Prog[8-9], [8-10]

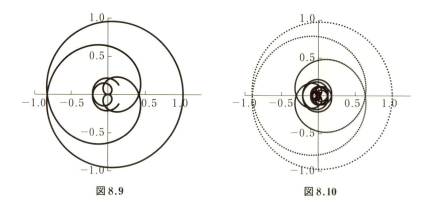

図 8.9　　　　　　　　　図 8.10

8.1 特性関数の定義と基本性質

三角分布の特性関数

2.1.3 項で述べたように，区間 $[-1, 1]$ での三角分布の確率密度関数 $f(x)$ は，例えば

$$f(x) = \begin{cases} x + 1 & (-1 \leq x \leq 0) \\ -x + 1 & (0 \leq x \leq 1) \\ 0 & (x < -1,\ x > 1) \end{cases}$$

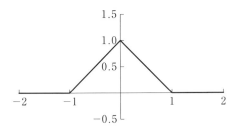

図 8.11

のように表せるので（図 8.11），特性関数 $\phi_X(t)$ を

$$\phi_X(t) = \int_{-\infty}^{\infty} e^{itx} f(x)\, dx = \int_{-1}^{0} e^{itx}(x+1)\, dx + \int_{0}^{1} e^{itx}(-x+1)\, dx$$
$$= P + Q \tag{8.9}$$

とおくと（1 番目の積分を P，2 番目の積分を Q とおいた），

$$P = \int_{-1}^{0} e^{itx}(x+1)\, dx = \int_{-1}^{0} e^{itx} x\, dx + \int_{-1}^{0} e^{itx}\, dx$$
$$= \left[-\frac{ie^{itx}}{t} \cdot x + \frac{e^{itx}}{t^2} + \frac{e^{itx}}{it} \right]_{-1}^{0}$$
$$= \left(0 + \frac{1}{t^2} - \frac{i}{t} \right) - \left(\frac{ie^{-it}}{t} + \frac{e^{-it}}{t^2} - \frac{ie^{-it}}{t} \right)$$
$$= \frac{1}{t^2} - \frac{i}{t} - \frac{e^{-it}}{t^2}$$

$$Q = \int_{0}^{1} e^{itx}(-x+1)\, dx = \int_{0}^{1} (-e^{itx} \cdot x + e^{itx})\, dx$$
$$= \left[\frac{ie^{it}}{t} \cdot x - \frac{e^{itx}}{t^2} + \frac{e^{itx}}{it} \right]_{0}^{1}$$
$$= \left(\frac{ie^{itx}}{t} - \frac{e^{it}}{t^2} - \frac{ie^{it}}{t} \right) - \left(0 - \frac{1}{t^2} - \frac{i}{t} \right)$$

$$= \frac{1}{t^2} + \frac{i}{t} - \frac{e^{it}}{t^2}$$

となるので，これらを (8.9) に代入すると

$$\phi_X(t) = P + Q = \frac{2}{t^2} - \frac{e^{it}}{t^2} - \frac{e^{-it}}{t^2}$$

となる．

この特性関数は，見かけ上は複素関数であるが，オイラーの公式を使って変形すると，

$$\phi_X(t) = \frac{2}{t^2} - \frac{1}{t^2}(\cos t + i \sin t) - \frac{1}{t^2}\{\cos(-t) + i \sin(-t)\}$$

$$= \frac{1}{t^2} - \frac{1}{t^2}[\cos t + \cos(-t) + i\{\sin t + \sin(-t)\}]$$

$$= \frac{1}{t^2} - \frac{1}{t^2}(2\cos t) = \frac{1 - 2\cos t}{t^2}$$

のように，虚数部分は 0 で，実数の値をとる関数となる．

ここで t を動かすと，$\phi_X(t)$ は複素平面上で実数軸の上だけを動いていくが，$-10 < t < 10$ の範囲で 0.01 刻みに点をとってプロットしてみると，図 8.12 のようなグラフになる． Prog[8-11]

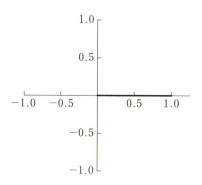

図 8.12

8.1.4 特性関数の性質

特性関数については，次の 4 つの性質が成り立つ．

1. t の関数 $\phi_X(t)$ は，一様連続である．

8.1 特性関数の定義と基本性質 133

関数 $f(t)$ が「一様連続」というのは，$t - s$ の値を t や s に無関係に小さくしたとき（つまり，$|t - s| < \delta$ としたとき，δ が t, s によらないとき），$f(t) - f(s)$ が十分小さくなるということであり，きちんと表現すると次のようになる．

任意の $\varepsilon > 0$ に対して，$\delta > 0$ があり，

$$|t - s| < \delta \ \Rightarrow \ |f(t) - f(s)| < \varepsilon$$

確率変数 X が連続型で，密度関数が $f_X(x)$ の場合は，

$$|\phi_X(t) - \phi_Y(s)| = \left| \int_{-\infty}^{\infty} [e^{isx}\{e^{i(t-s)x} - 1\}] f_X(x) \, dx \right|$$

$$\leq \int_{-\infty}^{\infty} [\{e^{i(t-s)x} - 1\} f_X(x)] \, dx$$

となり，この値は，$t - s$ を t や s に無関係に十分小さく（つまり，t や s によらない δ で $|t - s| < \delta$ としたとき）すれば，いくらでも ε より小さくできるので，$\phi_X(t)$ が一様連続であることがわかる．

2. 次のような行列 A を考えると

$$A = \begin{pmatrix} \phi(t_1 - t_1) & \phi(t_1 - t_2) & \cdots & \phi(t_1 - t_n) \\ \phi(t_2 - t_1) & \phi(t_2 - t_2) & \cdots & \phi(t_2 - t_n) \\ \vdots & \vdots & \vdots & \vdots \\ \phi(t_n - t_1) & \phi(t_n - t_2) & \cdots & \phi(t_n - t_n) \end{pmatrix}$$

この行列は**エルミート行列**になる．ここで，エルミート行列というのは，複素数を要素とする行列で，「行と列を入れ替えて（すなわち，転置行列 A^T をつくる），さらに，複素数の部分の符号を変えた（つまり，共役複素数にする $\overline{A^T}$）行列は元の行列と等しい」という性質をもつ行列のことである．

A がエルミート行列になることを確かめてみると，まず A^T は

$$A^T = \begin{pmatrix} \phi(t_1 - t_1) & \phi(t_2 - t_1) & \cdots & \phi(t_n - t_1) \\ \phi(t_1 - t_2) & \phi(t_2 - t_2) & \cdots & \phi(t_n - t_2) \\ \vdots & \vdots & \vdots & \vdots \\ \phi(t_1 - t_n) & \phi(t_2 - t_n) & \cdots & \phi(t_n - t_n) \end{pmatrix} \quad (8.10)$$

となるので，この行列の共役複素数は，

第8章 特性関数

$$\overline{A^T} = \begin{pmatrix} \overline{e^{i(t_1-t_1)X}} & \overline{e^{i(t_2-t_1)X}} & \cdots & \overline{e^{i(t_n-t_1)X}} \\ \overline{e^{i(t_1-t_2)X}} & \overline{e^{i(t_2-t_2)X}} & \cdots & \overline{e^{i(t_n-t_2)X}} \\ \vdots & \vdots & \vdots & \vdots \\ \overline{e^{i(t_1-t_n)X}} & \overline{e^{i(t_2-t_n)X}} & \cdots & \overline{e^{i(t_n-t_n)X}} \end{pmatrix}$$

$$= \begin{pmatrix} e^{-i(t_1-t_1)X} & e^{-i(t_2-t_1)X} & \cdots & e^{-i(t_n-t_1)X} \\ e^{-i(t_1-t_2)X} & e^{-i(t_2-t_2)X} & \cdots & e^{-i(t_n-t_2)X} \\ \vdots & \vdots & \vdots & \vdots \\ e^{-i(t_1-t_n)X} & e^{-i(t_2-t_n)X} & \cdots & e^{-i(t_n-t_n)X} \end{pmatrix}$$

$$= \begin{pmatrix} e^{i(t_1-t_1)X} & e^{i(t_1-t_2)X} & \cdots & e^{i(t_1-t_n)X} \\ e^{i(t_2-t_1)X} & e^{i(t_2-t_2)X} & \cdots & e^{i(t_2-t_n)X} \\ \vdots & \vdots & \vdots & \vdots \\ e^{i(t_n-t_1)X} & e^{i(t_n-t_2)X} & \cdots & e^{i(t_n-t_n)X} \end{pmatrix}$$

$$= \begin{pmatrix} \phi(t_1-t_1) & \phi(t_1-t_2) & \cdots & \phi(t_1-t_n) \\ \phi(t_2-t_1) & \phi(t_2-t_2) & \cdots & \phi(t_2-t_n) \\ \vdots & \vdots & \vdots & \vdots \\ \phi(t_n-t_1) & \phi(t_n-t_2) & \cdots & \phi(t_n-t_n) \end{pmatrix} = A$$

となる.

3. エルミート行列であることを確かめたときに現れた行列 (8.10) は,**正定値**の性質をもつ. なお, 行列 A が正定置とは, 任意の 0 でない複素数 $z_i (i = 1, 2, \cdots, n)$ に対して, 次の式が成り立つことである.

$$\sum_{i,j=1}^{n} a_{i,j} z_i \overline{z_j} > 0$$

特性関数が正定値性をもつことは次のようにしてわかる.

$$\sum_{i,j=1}^{n} \phi(t_i - t_j) z_i \overline{z_j} = \sum_{i,j=1}^{n} E(e^{i(t_i-t_j)X}) z_i \overline{z_j} = E\left(\sum_{i,j=1}^{n} (e^{it_iX} \cdot \overline{e^{it_jX}}) z_i \overline{z_j} \right)$$

$$= E\left(\left(\sum_{i=1}^{n} e^{it_iX} z_i \right) \overline{\left(\sum_{j=1}^{n} e^{it_jX} z_j \right)} \right)$$

$$= E\left(\left(\sum_{i=1}^{n} e^{it_iX} z_i \right) \overline{\left(\sum_{i=1}^{n} e^{it_iX} z_i \right)} \right) > 0$$

最後の不等式が成り立つのは, 0 でない 2 つの複素数 $p = a + bi$, $\overline{p} = a - bi$ に対して, $p\overline{p} = (a + bi)(a - bi) = a^2 + b^2 > 0$ となるからである.

4. 確率変数 X の特性関数と, 確率変数 Y の特性関数が一致すれば,

X と Y の確率分布は一致する.

これを示すには，特性関数から累積分布関数が導けることを示せばよいが，そのためには**レヴィーの反転公式**を用いればよい.

レヴィーの反転公式

X の累積分布関数 $F_X(x) = \mu((-\infty, x])$ において，$F_X(x)$ の連続点 $a, b \in \mathbb{R}$ を任意にとるとき，次の式が成り立つ.

$$F_X(b) - F_X(a) = \lim_{T \to \infty} \frac{1}{2\pi} \int_{-T}^{T} \phi_X(t) \frac{e^{-ita} - e^{-itb}}{it} \, dt \quad (8.11)$$

ただし，$(\Omega, \mathcal{F}, P)$ 上の確率変数 $X(\omega)$ があるとき，実数上の確率空間 $(\mathbb{R}, \boldsymbol{B}_1, \mu_X(A))$ が導かれ，$A \in \boldsymbol{B}_1$ に対して，$\mu(A)$ は次のように定められた.

$$\mu_X(A) = P(X^{-1}(A))$$

なお，レヴィーの反転公式の証明は省略する．途中でディリクレ積分とよばれる次の公式

$$\int_0^\infty \frac{\sin x}{x} \, dx = \frac{\pi}{2} \quad (8.12)$$

を使うが，この式の証明は付録 A.7 を参照されたい.

レヴィーの反転公式 (8.11) からわかることは，2 つの確率変数 X と Y の特性関数が一致すると仮定すると $\phi_X(t) = \phi_Y(t)$ であるが，このとき，それぞれの累積分布関数 $F_X(x)$ と $F_Y(x)$ が，連続点 a, b で一致することになる．累積分布関数は右連続（$\lim_{x \to a+0} F_X(x) = F_X(a)$）であったから，すべての点で累積分布関数が一致し，したがって，X の分布と Y の分布は一致することになる．というわけで，特性関数が一致すれば分布が一致するのである.

これは非常に強力な事実で，2 つの確率分布が等しいことを，特性関数が等しいことから導けるわけである．この意味で，確率論において特性関数は強力な道具となっている.

8.2 一般の中心極限定理とその証明

6.2節で述べた中心極限定理は，ド・モアブル‐ラプラスの中心極限定理であり，次のような内容であった．

1回の試行で事象 A の起きる確率を $p = P(A)$ とし，余事象が起きる確率を $q = 1 - p$ とおく．この試行を n 回行ったとき，A の起きる回数を表す確率変数を S_n とおくと，この分布が「二項分布」であった．そして，これを正規化した $\frac{S_n - np}{\sqrt{npq}}$ の分布は，$n \to \infty$ のとき標準正規分布に近づき，次の式が成り立った．

$$\lim_{n \to \infty} P\left(a < \frac{S_n - np}{\sqrt{npq}} < b\right) = \frac{1}{\sqrt{2\pi}} \int_a^b e^{-\frac{x^2}{2}} dx$$

これに対して，一般の中心極限定理とは，S_n が二項分布でなくてもよいというもので，次項で述べるようなものである．

8.2.1 一般の中心極限定理

いま，確率変数列 X_k は互いに独立で同一の分布に従うとし，その共通の期待値を $E(X_k) = m$，共通の標準偏差を $\sqrt{V(X_k)} = \sigma$ とする．また，S_n は

$$S_n = X_1 + X_2 + \cdots + X_n$$

とする．

このとき，$n \to \infty$ とすると，S_n を正規化した $S_n^* = \frac{S_n - mn}{\sqrt{n}\,\sigma}$ の分布は標準正規分布に近づき，次の式が成り立つ．

$$\lim_{n \to \infty} P(a < S_n^* < b) = \frac{1}{\sqrt{2\pi}} \int_a^b e^{-\frac{x^2}{2}} dx$$

8.2.2 一般の中心極限定理の証明

はじめに，特性関数の収束から確率変数の収束が導けることを紹介する．

特性関数の連続性定理

$\phi_n(t)$ を確率変数 $X_n(n = 1, 2, \cdots)$ の特性関数，$\phi(t)$ を確率変数 X の特性関数とする．このとき，次のことが成り立つ．

（1） $X_n \xrightarrow{d} X\ (n \to \infty)$ とすると，各 t について，$\phi_n(t) \to \phi(t)$ となる．

（2） 各 t について $\phi_n(t) \to \phi(t)\ (n \to \infty)$ なら，$X_n \xrightarrow{d} X\ (n \to \infty)$ となる．

8.2 一般の中心極限定理とその証明

実は，この証明はレヴィーの反転公式から導ける．細かい議論が必要になるのでここでは省略するが，中心極限定理の証明に活用する．

ここで，証明の最後のところで用いる，次の補題を挙げておく．

補題8.1 一般に，複素数列 α_n が α に収束，すなわち

$$\lim_{n \to \infty} \alpha_n = \alpha$$

となるとき，次の式が成り立つ．

$$\lim_{n \to \infty} \left(1 + \frac{\alpha_n}{n} \right) = e^{\alpha}$$

なお，$\alpha_n = 1$ のときは，ネイピアの数 e の定義式に他ならない．

中心極限定理の証明

中心極限定理の証明には，特性関数の連続性定理を用いる．確率変数 S_n^* $= \dfrac{S_n - nm}{\sqrt{n}\,\sigma}$ の特性関数 $\phi_{S_n^*}(t)$ が，$n \to \infty$ のときに標準正規分布の特性関数 $\phi(t) = e^{-\frac{t^2}{2}}$ に収束することを示せばよい．

証明 X_k は，互いに独立で同一の分布に従うと仮定しているので，$S_n = X_1 + X_2 + \cdots + X_n$ の特性関数は次のようになる．

$$\phi_{X_1+X_2+\cdots+X_n}(t) = E(e^{it(X_1+X_2+\cdots+X_n)}) = E(e^{itX_1}) \times E(e^{itX_2}) \times \cdots \times E(e^{itX_n})$$
$$= \phi_{X_1}(t) \times \phi_{X_2}(t) \times \cdots \times \phi_{X_n}(t) = \{\phi_{X_1}(t)\}^n$$

X_k を正規化して，Y_k とおいた

$$Y_k = \frac{X_k - m}{\sigma}$$

は，互いに独立で同じ分布をし，

$$E(Y_k) = 0, \qquad E(Y_k^2) = 1, \qquad S_n^* = \frac{Y_1 + Y_2 + \cdots + Y_n}{\sqrt{n}}$$

となり，Y_k の特性関数は $\phi(t)$ となり，S_n^* の特性関数は次のようになる．

$$\phi_{S_n^*}(t) = E\left(\exp\left\{ it\left(\frac{Y_1 + Y_2 + \cdots + Y_n}{\sqrt{n}} \right) \right\} \right) = \left\{ \phi\left(\frac{t}{\sqrt{n}} \right) \right\}^n$$

いま，微分積分で学んだテイラーの定理を思い出すと，区間 (a, b) で定義された関数が n 回微分可能であるとき，ある $0 < \theta < 1$ なる θ があって次の式が成り立った．

$$f(x) = \sum_{k=0}^{n-1} \frac{f^{(k)}(x_0)}{k!}(x - x_0)^k + \frac{f^{(n)}(x + \theta(x - x_0))}{n!}(x - x_0)^n$$

138 第8章 特性関数

ここで, $f(x) = \cos x$ とし, $x_0 = 0$ とすると, ある $0 < \theta_1 < 1$ なる θ_1 があって次の式が得られる.

$$\cos x = \frac{\cos 0}{0!}x^0 + \frac{\sin 0}{1!}x^1 + \frac{-\cos(\theta_1 x)}{2!}x^2 = 1 - \frac{\cos(\theta_1 x)}{2}x^2$$

同様に, $f(x) = \sin x$, $n = 2$, $x_0 = 0$ とすると, ある $0 < \theta_2 < 1$ なる θ_2 があって次の式が得られる.

$$\sin x = \frac{\sin 0}{0!}x^0 + \frac{\cos 0}{1!}x^1 + \frac{-\sin(\theta_2 x)}{2!}x^2 = x - \frac{\sin(\theta_2 x)}{2}x^2$$

これらを合わせると, e^{ix} は

$$e^{ix} = \cos x + i\sin x = 1 + ix - \frac{x^2}{2}(1 + \cos\theta_1 x + i\sin\theta_2 x - 1)$$

$$= 1 + ix - \frac{x^2}{2}\{1 + \delta(x)\} \tag{8.13}$$

と表すことができる. ただし, $\delta(x) = \cos\theta_1 x + i\sin\theta_2 x - 1$ $(0 < \theta_1 < 1, \ 0 < \theta_2 < 1)$ であり, $\delta(x)$ は $|\cos\theta_1 x + i\sin\theta_2 x - 1| \le |\cos\theta_1 x| + |i\sin\theta_2 x| + |-1|$ ≤ 3 なので, その絶対値は 3 以下 $(|\delta(x)| \le 3)$ で, $x \to 0$ のとき 0 に収束する $(\lim_{x \to 0}\delta(x) = 0)$.

いま, $e^{ix} = 1 + ix - \frac{x^2}{2}\{1 + \delta(x)\}$ において $x = \frac{t}{\sqrt{n}}Y_1$ とおくと

$$e^{i\frac{t}{\sqrt{n}}Y_1} = 1 + i\frac{t}{\sqrt{n}}Y_1 - \frac{1}{2}\frac{t^2}{n}Y^2\Big\{1 + \delta\Big(\frac{t}{\sqrt{n}}Y_1\Big)\Big\}$$

となるので, この両辺の平均をとった.

$$\phi\Big(\frac{t}{\sqrt{n}}Y_1\Big) = 1 + i\frac{t}{\sqrt{n}}E(Y_1) - \frac{1}{2}\frac{t^2}{n}\Big\{E(Y_1^2) + E\Big(Y_1^2\delta\Big(\frac{t}{\sqrt{n}}Y_1\Big)\Big)\Big\}$$

$$= 1 - \frac{1}{2}\frac{t^2}{n}\Big\{1 + E\Big(\delta\Big(\frac{t}{\sqrt{n}}Y_1\Big)Y_1^2\Big)\Big\}$$

において, 次のようにおく.

$$\eta(t, n) = E\Big(\delta\Big(\frac{t}{\sqrt{n}}Y_1\Big)Y_1^2\Big)$$

ここで, 平均をとる中身の確率変数 $\delta\Big(\frac{t}{\sqrt{n}}Y_1\Big)Y_1^2$ は $|\delta(x)| \le 3$ であったから, その絶対値 $\Big|\delta\Big(\frac{t}{\sqrt{n}}Y_1\Big)Y_1^2\Big|$ が $3Y_1^2$ 以下のまま, 0 に収束する. したがって, 次のようになる.

$$\lim_{n \to \infty}\eta(t, n) = 0$$

α_n として, $\alpha_n = -\frac{t^2}{2}\{1 + \eta(t, n)\}$ とおくと,

8.2 一般の中心極限定理とその証明

$$\lim_{n \to \infty} \alpha_n = -\frac{t^2}{2}$$

となるので，これを補題 8.1 の α と考えて補題 8.1 を使うと，

$$\lim_{n \to \infty} \left(1 + \frac{\alpha_n}{n}\right)^n = \lim_{n \to \infty} \left(1 - \frac{t^2}{2} \cdot \frac{1}{n} \{1 + \eta(t, n)\}\right)^n = e^\alpha = e^{-\frac{t^2}{2}}$$

すなわち，

$$\lim_{n \to \infty} \phi_{S_n^*}(t) = \lim_{n \to \infty} \left\{\phi\left(\frac{t}{\sqrt{n}}\right)\right\}^n = e^{-\frac{t^2}{2}}$$

となる．

　これで，S_n^* の特性関数が標準正規分布の特性関数に収束することが示せたので，特性関数の連続性定理から，中心極限定理が証明されたことになる．　　終

◆ 本章の内容 ◆

　確率現象が時間の経過とともに変化していく場合を，**確率過程**という．本章では，その入門的な部分としての**ランダムウォーク**と**マルコフ連鎖**について解説する．（大学での「確率論」の講義が半期の場合には，ここまで扱うのは分量として多くなってしまうかもしれないが，「これからこんな面白いことが始まるよ」という刺激になればと思う．）

◆ 確率論の中での本章の位置づけ ◆

　これまでの本書の内容は，いわば「確率論の基礎」であり，確率論の面白いところ，確率論の主流は，「確率過程」なのである．本章で，ようやく確率論の本題に入ったといっても過言ではない．他の分野との関連でも，微分方程式に関係するのは確率過程であり，経済学におけるファイナンスと関係するのも確率過程なのである．ただし，これらの場合には，本章で扱う「時間が離散的なマルコフ連鎖」ではなく，「時間が連続になった場合のマルコフ過程」が主流となってくる．

◆ 本章のゴール ◆

　本章では，ランダムウォークとマルコフ連鎖の面白い話題を紹介するが，「確率過程入門」の章なので，ここでは，確率過程の面白さがわかってもらえればよい（そのため，細かい証明は省略することが多いことを予めお断りしておく）．

9.1 ランダムウォーク

　ランダムウォークとは，英語の random walk そのものであるが，日本語では「乱歩（らんぽ）」とか「酔歩（すいほ）」などとよばれている．

9.1.1 ランダムウォークのサンプルパス

いま，会社の同僚と酒を飲んで帰宅途中の酔っぱらいが，最寄りの駅から自宅まで，道をまっすぐ進むべきところを，右に行ったり左に行ったり，フラフラしながら進んでいく姿を想像して欲しい．

この酔っぱらいの動きは，ランダムに左右に動きながら前へ進んでいるのであるが，ここでは，1秒後に右へ移動する確率が $\frac{1}{2}$，左に移動する確率も $\frac{1}{2}$ とする．しかも，時間が経過してどの場所まで行っても，その地点から右へ移動する確率が $\frac{1}{2}$，左に移動する確率も $\frac{1}{2}$ としよう．これはちょうど，コインを投げて表が出たら1万円を取得し，裏が出たら1万円を失うというゲームと同じであり，ある時点における酔っぱらいの位置が，その時点における所持金に相当する．

左右に同じ確率で移動するランダムウォークのことを，特に**対称ランダムウォーク**とよぶ．

> **問題 9.1** 酔っぱらいの気持ちになって，右へ行ったり左へ行ったりするランダムウォークを考えてみる．はじめに右へ行き，次に左へ行き，もう一度左へ行き，さらにもう一度左へ行き，今度は右へ行き，もう一度右へ行く，というランダムウォークの変化するグラフを，右を上，左を下にして描いてみよ．

ここでは，5秒後にどのような地点にどのような確率で到達しているかを，シミュレーションで確かめてみよう．一例の図9.1の6つの図は，進む方向と時間の経過を横軸にとって，左右に進むのを上下に表したものである．

Prog[9-1]

図9.1をみると，酔っぱらいがどのような道筋を通るかは，ランダムで全くわからないため，1つ1つがサンプル（標本）であるといえる．このような図を**サンプルパス**という．「パス」は英語の「path」（道，道筋，経路）から来ている．

図9.1ではランダムウォークの5回までの変化を6つの図で示したが，もう少し長い時間の変化もみておこう．酔っぱらいが1000秒間にどのように動いたかを4通りのサンプルパスで示すと，例えば図9.2のようになる．

Prog[9-2]

142   第9章　確率過程入門

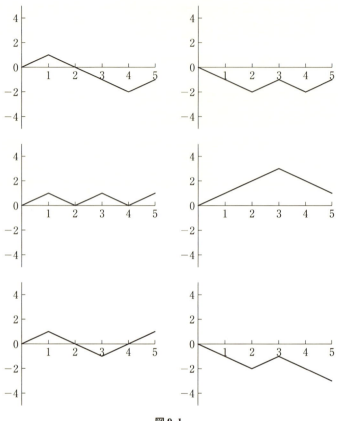

図 9.1

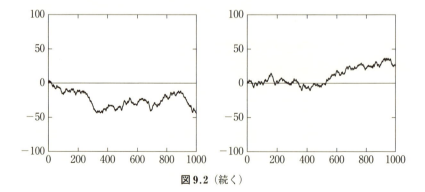

図 9.2（続く）

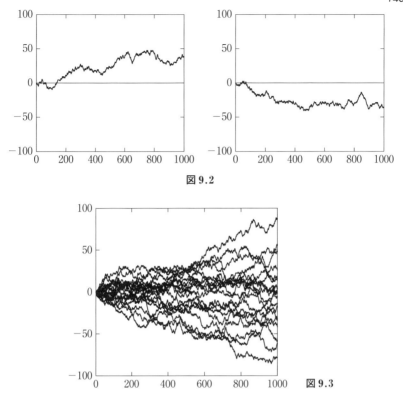

図 9.2

図 9.3

さらに，1000 秒間における酔っぱらいのランダムウォークのパス 20 通りを同時に示すと図 9.3 のようになるが，これをみると，酔っぱらいは極端に右へ行きっぱなしになったり，左に行きっぱなしになったりはしないことがわかる．

9.1.2 ランダムウォークの数学的表現

ここでは，ランダムウォークを数学的に表現する方法について述べる．

例えば，酔っぱらいが n 回目に右に移動することを $+1$ で表し，左に移動することを -1 で表すには，次のような確率変数 X_n を使えばよい．

$$X_n = \begin{cases} +1 & \left(\text{確率は } \frac{1}{2}\right) \\ -1 & \left(\text{確率は } \frac{1}{2}\right) \end{cases} \quad (n = 1, 2, 3, \cdots) \qquad (9.1)$$

これを確率 P を使って表すと, $n \geq 1$ のとき,

$$P(X_n = +1) = \frac{1}{2}, \qquad P(X_n = -1) = \frac{1}{2}$$

$n = 0$ のとき,

$$P(X_0 = 0) = 1$$

となる.

酔っぱらいが n 秒後にいる場所は, この確率変数 X_n の和 S_n で表せる.

$$S_n = X_0 + X_1 + X_2 + \cdots + X_n \tag{9.2}$$

あるいは, n 秒後の位置は, その前の時点 $(n-1)$ 秒後の位置に, ± 1 すなわち X_n を加えて得られるとしてもよい.

$$S_n = (X_0 + X_1 + \cdots + X_{n-1}) + X_n = S_{n-1} + X_n \qquad (n \geq 1) \tag{9.3}$$
$$= 0 \qquad\qquad\qquad\qquad\qquad\qquad\qquad (n = 0) \tag{9.4}$$

9.1.3 ランダムウォークの位置の分布

9.1.2 項でのルールに従って歩いている酔っぱらいが数秒後 (例えば 5 秒後) にどの辺に来ているのかを考えてみよう. 可能性でいえば, 次のようになる.

$n = 1$ では, $S_1 = +1$ or -1

$n = 2$ では, $S_2 = +2$ or 0 or -2

$n = 3$ では, $S_3 = +3$ or $+1$ or -1 or -3

$n = 4$ では, $S_4 = +4$ or $+2$ or 0

　　　　　　　　 or $+2$ or -4

$n = 5$ では, $S_5 = +5$ or $+3$ or $+1$

　　　　　　　　 or -1 or -3 or -5

酔っぱらいが 5 秒後にどの辺にいるか, 100 人の酔っぱらいの位置をシミュレーションした一例の図 9.4 の横軸は酔っぱらいの位置を表し, 縦軸は 100 人の酔っぱらいのシミュレーションの結果の相対頻度を表している.

Prog[9-3]

図の意味としては, 横軸において $+1$ のところの縦軸の値が 0.32 になっているのは, 100 人の酔っぱらいの中で 5 秒後に $+1$ の位置にいる人の割合

9.1 ランダムウォーク

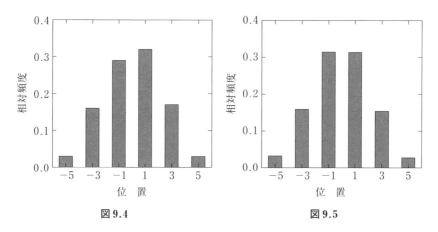

図 9.4　　　　　　　　　　図 9.5

が 0.32 ということである．5 秒後の位置は -5, -3, -1, $+1$, $+3$, $+5$ のいずれかであるが，本来ならば，0 を基準として左右対称であるはずである．なぜプラスになる割合が多いかというと，集めた酔っぱらいの人数が 100 人と少ないためである．酔っぱらいを 10000 人分集めた結果を示すと図 9.5 のようになり，ほぼ左右対称になっていることがわかる．Prog[9-4]

酔っぱらいの人数を増やしていくと，グラフも安定してくる．これらのことから，5 秒後の酔っぱらいの位置とその位置に来る確率の値を計算で求めてみよう．

5 秒後に $S_5 = +3$ となる場合は，次頁の図 9.6 のように 5 通りありうる．

Prog[9-5]〜[9-9]

5 秒後に酔っぱらいが $+3$ の位置に来るのは，4 秒で右に行き，1 秒で左に行く場合で，5 秒の間でいつでも 4 秒右に行けばよいので，5 秒後に $+3$ の位置にいる確率，すなわち $S_5 = +3$ となる確率は次のように計算できる．

$$P(S_5 = +3) = {}_5C_4 \left(\frac{1}{2}\right)^4 \times \left(\frac{1}{2}\right)^1 = \frac{5}{2^5} = \frac{5}{32} = 0.156 \quad (9.5)$$

他の位置に来る確率も，同様に計算できる．

$$P(S_5 = -5) = {}_5C_0 \left(\frac{1}{2}\right)^0 \times \left(\frac{1}{2}\right)^5 = \frac{1}{2^5} = \frac{1}{32} = 0.03$$

$$P(S_5 = -3) = {}_5C_1 \left(\frac{1}{2}\right)^1 \times \left(\frac{1}{2}\right)^4 = \frac{5}{2^5} = \frac{5}{32} = 0.156$$

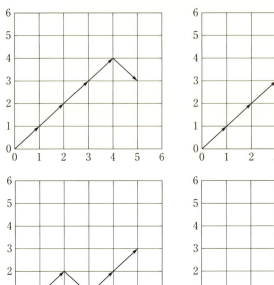
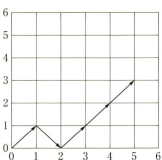
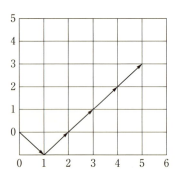

図 9.6

$$P(S_5 = -1) = {}_5C_2 \left(\frac{1}{2}\right)^2 \times \left(\frac{1}{2}\right)^3 = \frac{10}{2^5} = \frac{10}{32} = 0.312$$

$$P(S_5 = +1) = {}_5C_3 \left(\frac{1}{2}\right)^3 \times \left(\frac{1}{2}\right)^2 = \frac{10}{2^5} = \frac{10}{32} = 0.312$$

$$P(S_5 = +3) = {}_5C_4 \left(\frac{1}{2}\right)^4 \times \left(\frac{1}{2}\right)^1 = \frac{5}{2^5} = \frac{5}{32} = 0.156$$

9.1 ランダムウォーク

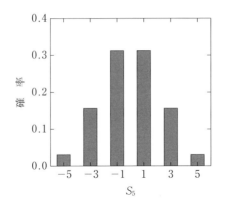

図 9.7

$$P(S_5 = +5) = {}_5C_5 \left(\frac{1}{2}\right)^5 \times \left(\frac{1}{2}\right)^0 = \frac{1}{2^5} = \frac{1}{32} = 0.03$$

この結果，横軸を S_5 の値，縦軸をその値をとる確率の値とするグラフで表すと図 9.7 のようになる． Prog[9-10]

なお，このグラフは，酔っぱらいを 10000 人分集めたときの図 9.5 とほとんど同じであることがわかるだろう．ここでも，計算で導かれる確率の理論的な値は，多数回の試行による相対頻度の近づいていく値であることが確認できる．

充分時間が経過した後のランダムウォークの位置の分布

酔っぱらいは，時間が充分経過するとどの辺に行ってしまっているだろうか？ 図 9.8 は，1000 秒後の酔っぱらいの位置の確率分布である．可能性

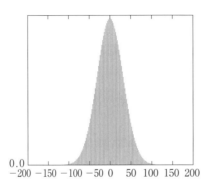

図 9.8

としては，−1000 から 1000 までありうるが，−1000 や 1000 になる確率は極めて小さく，ほとんどが −100 から 100 ぐらいの位置に収まっていることがわかる．

Prog[9-11]

9.1.4 元に戻ってくる確率

上下だけに確率 $\frac{1}{2}$ で移動している酔っぱらいが，「いつかは元の地点に戻ってくる確率」はどのくらいであろうか？ まず，原点 $y = 0$ に戻ってこられるのは，必ず偶数 ($2n$) 秒後だけである．なぜなら，はじめ ($n = 0$ は偶数とする) の時点で 0 にいて，1 秒後に奇数点 ± 1 に行き，再び偶数秒後に偶数点に行くので，$y = 0$ (偶数点) に戻れるのは偶数秒後だからである．すなわち，「$2n$ 秒後ではじめて 0 になる確率」が意味をもつ．

これらの確率を求めるために，はじめに，$2n$ 秒後まで「負にならない確率」(同じことではあるが，「$y \geq 0$ となる確率」) を求める．そのためには，$2n$ で 0 になる，$S_{2n} = 0$ となる道の個数である $_{2n}C_n$ から，途中で負になる道の数を引けばよい

途中で負 ($y < 0$) になるということは，必ず $y = -1$ になるということである．-1 になって以降の道を直線 $y = -1$ で上下に対称に折り返してみれば，3 から先は図 9.9 の点線で示してあるように，$S_{2n} = -2$ となる道が対応する．

Prog[9-12]

途中で負になる道に $S_{2n} = -2$ を対応させるという操作は 1 対 1 であるから，$S_{2n} = 0$ で，途中で負にな

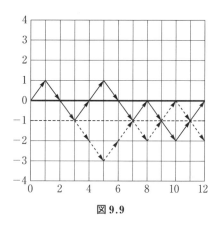

図 9.9

る道の数は，$(0, 0)$ から出発して $S_{2n} = -2$ となる道の数を求めればよい．これは，上に $n - 1$ 秒，下に $n + 1$ 秒移動する道の数であるから，$_{2n}C_{n-1}$ となる．

したがって，$S_0 = 0$ から出発して $S_{2n} = 0$ となる道で，途中で $y < 0$ とな

らない，すなわち，途中のすべての k で $S_k \geq 0$ となる道の数は，

$$_{2n}C_{2n} - {}_{2n}C_{n-1} \tag{9.6}$$

と表すことができて，これを計算すると次のようになる．

$$\begin{aligned}
{}_{2n}C_{2n} - {}_{2n}C_{n-1} &= \frac{(2n)!}{n!\,n!} - \frac{(2n)!}{(n-1)!(n+1)!} \\
&= \frac{(n+1)(2n)!}{n!(n+1)!} - \frac{n(2n)!}{n!(n+1)!} \\
&= \frac{(2n)!}{n!(n+1)!} = \frac{1}{n+1} \times \frac{(2n)!}{n!\,n!} \\
&= \frac{1}{n+1}{}_{2n}C_n = c_n \quad (c_n \text{ はカタラン数})
\end{aligned}$$
(9.7)

これを具体的な数にすると，1, 1, 2, 5, 14, 42, 132, 429, 1430, 4862, …となり，順列・組合せのいろいろな問題で登場する**カタラン数**とよばれる数になる． Prog[9-13]

「カタラン」という名前は，ベルギーの数学者ウジェーヌ・カタラン（1814～1894）にちなんで付けられたものである．カタラン数は一般に小文字の c_n で表されるが，組合せの記号 C と類似しているので注意が必要である．カタラン数には興味深い適用例がいくつもあるが，ここではこれ以上は立ち入らないことにする．

さて，目標であった，$2n$ 秒後にはじめて 0 に戻る確率を求めてみよう．途中の $n = 1$ では，+1 か -1 である（$S_1 = +1$ または $S_1 = -1$）．

$S_1 = +1$ の場合，S_{2n} まで 0 にならないというのは，途中で $S_k \geq 1$（$1 \leq k \leq 2n - 1$）ということである．このような道の数は，カタラン数 c_{n-1} に他ならない（図 9.10）．

$S_1 = -1$ となる場合も上下が対

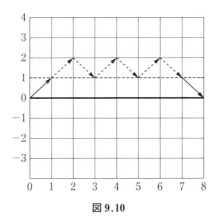

図 **9.10**

150 第 9 章 確率過程入門

称であるから c_{n-1} 通りの道の数があり，上下合わせると 2 倍になるので，(9.7) より，道の数は次のように表せる.

$$2c_{n-1} = \frac{2}{n} \, _{2n-2}C_{n-1} \tag{9.8}$$

Prog[9-14]

どの道も，それが実現する確率は $\left(\frac{1}{2}\right)^n \times \left(\frac{1}{2}\right)^n = \left(\frac{1}{2}\right)^{2n}$ であるから，これを道の数 $2c_{n-1}$ 倍すると，「0 から出発し，$2n$ 回ではじめて原点に戻る確率」は次のようになる.

$$\frac{2c_{n-1}}{2^{2n}} = \frac{_{2n-2}C_{n-1}}{n \cdot 2^{2n-1}} \tag{9.9}$$

例えば，$n = 1$, 2, 3, 4 の場合は次のようになる.

$n = 1$，すなわち $2n = 2$ 秒後にはじめて原点に戻る確率

$$\frac{2c_0}{2^2} = \frac{1}{2^1} = \frac{1}{2} = 0.5$$

$n = 2$，すなわち $2n = 4$ 秒後にはじめて原点に戻る確率

$$\frac{2c_1}{2^4} = \frac{1}{2^3} = \frac{1}{8} = 0.125$$

$n = 3$，すなわち $2n = 6$ 秒後にはじめて原点に戻る確率

$$\frac{2c_2}{2^6} = \frac{2}{2^5} = \frac{1}{16} = 0.0625$$

$n = 4$，すなわち $2n = 8$ 秒後にはじめて原点に戻る確率

$$\frac{2c_3}{2^8} = \frac{5}{2^7} = \frac{5}{128} = 0.039062$$

これらの値を加えていき，$n = 4$ すなわち $2n = 8$ 秒後までに原点 0 に戻る確率をグラフに表すと図 9.11 のようになる．横軸が何秒後という時間を表し，縦軸はそれまでに原点 0 に戻る確率を表す. Prog[9-15]

「いつか 0 に戻る」ということは，2 秒後または 4 秒後または 8 秒後または 10 秒後…に戻るということであるから，これらの確率を無限に加えていくことで，「いつか 0 に戻る確率」が得られることになる.

$$\sum_{n=1}^{\infty} \frac{2c_{n-1}}{2^{2n}} = \sum_{n=1}^{\infty} \frac{_{2n-2}C_{n-1}}{n \cdot 2^{2n-1}} \tag{9.10}$$

9.1 ランダムウォーク

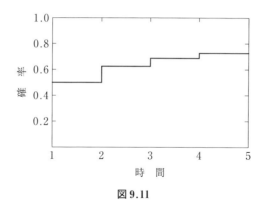

図 9.11

シミュレーションでも「無限に加える」ことはできないが，1000秒後までの和の値の変化をみてみよう． Prog[9-16]

図9.12のグラフをみると，「n秒後までに戻る確率」は，$n \to \infty$のときに1に近くなっていくことがわかる．

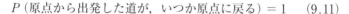

P (原点から出発した道が，いつか原点に戻る) = 1 　　(9.11)

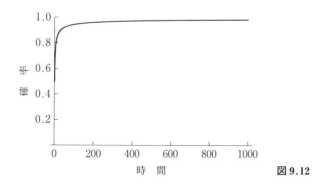

図 9.12

このような性質を**再帰的**とよび，（対称）ランダムウォークは再帰的な性質をもっているのである．このことは理論的な計算でも示せるのであるが，多少複雑なので，ここでは証明は省略する．

問題 9.2 原点から出発したランダムウォークについて，次の確率を求めよ．
（1） $n = 5$, すなわち $2n = 10$ 秒後にはじめて原点に戻る確率
（2） $n = 6$, すなわち $2n = 12$ 秒後にはじめて原点に戻る確率

9.1.5 「運の良し悪し」を科学する

いろいろなゲームをしていて,「今日はついているな,勝ちっぱなしだ」というときと,「今日は運が悪いな,負けっぱなしだ」ということがないだろうか? このような,ゲームにおける「運の良し悪し」は,次のような意味で,よく起こりうることなのである.

いま,コインを投げて,表が出たら1円を獲得し,裏が出たら1円を失う,という公平なゲームを考えよう.所持金がプラスの間は「儲かっている期間(リードしている期間)」であり,所持金がマイナスの間は「損している期間(リードされている期間)」である.

この場合,コインの表と裏は確率 $\frac{1}{2}$ で起こり,儲かるのと損するのは同じ確率で起こってくるとする.そこで,コイン投げを100回ぐらい行えば,「儲かっている期間と損している期間はほぼ同じ長さぐらいが普通であろう」と考えやすい.しかし,このような素朴な考えは正しくないのである.はじめに,このことを実験的に確かめてみよう.

1000回までの所持金の変化をグラフで表すと,次のようないろいろな場合がある.

図9.13の2つの例は,リードしている期間が長い例である.一旦リードすると,それを打ち消すほどには負けないというものである.

図9.14の2つの例は,リードされている期間が長い例である.一旦リードされてしまうと,それを打ち消すほどには勝てないというものである.

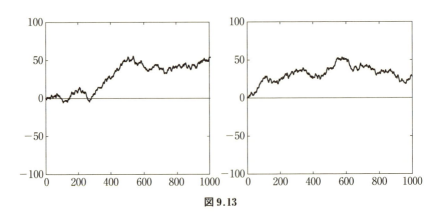

図 9.13

9.1 ランダムウォーク

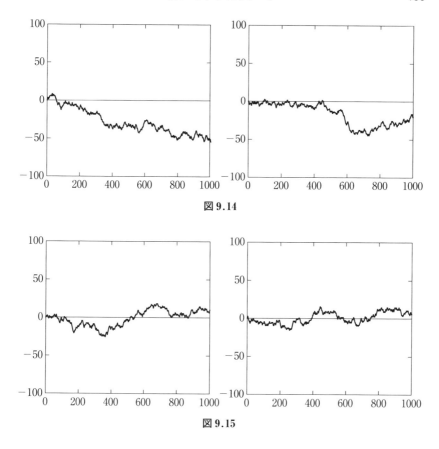

図 9.14

図 9.15

図 9.15 の 2 つの例は，リードしている期間とリードされている期間がほぼ同じだけある例で，普通はこうなるだろうと予測する人が多いものである．

しかし実際にシミュレーションを繰り返してみると，図 9.15 のように，リードしている期間とリードされている期間がほぼ同じになるという例はあまり起こらない．大多数は，図 9.13 と図 9.14 のように，リードしっぱなしか，リードされっぱなしになるのである．

多数の結果を集約し，100 回のコイン投げの間にリードしていた区間の数を横軸にとり（例えば 20 回リードしていた等），100 回投げる実験を 1000 回行ったとき，縦軸にその相対頻度の値をとると，グラフは例えば図 9.16 の

ようになる. Prog[9-17]

図 9.16 をみると, リードしている区間が少ないか, 多いかのどちらかに偏っている場合が多いことがわかる. コインを100 回投げたときには, 所持金が 40 円から 60 円になる期間は少なく, 90 円以上か 10 円以下になっていることが多いことがわかる. すなわち, リードしている区間とリードされている区間がほぼつり合うような, 50回やその近くになることは極めて少ないことがわかる.

たまたまそうなっただけだろうと考えて何回実験してみても, 同じような結果になってしまう. 実際, こんなことになったのは実験回数が 100 回と少なかったからではないかと考え, 1000 回やってみると, グラフは例えば図 9.17 のようになる.
Prog[9-18]

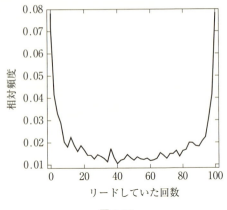

図 9.16

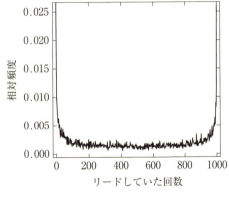

図 9.17

コインを 1000 回投げたとき, 所持金が 400 円から 600 円になる期間は少なく, 900 円以上か 100 円以下になっていることが多いことがわかる. すなわち, リードしている区間とリードされている区間がほぼつり合うような, 500 回やその近くになることは極めて少ないことがわかる.

さらに実験回数を増やしていくと, この実験のグラフは図 9.18 のようなグラフに近づいていく. Prog[9-19]

このグラフの横軸 (x の値) はコインを投げる回数の全体を全割合を表す

1として，$0.2 \leq x < 0.4$ とは，リードしている期間が0.2から0.4の期間であることを意味し，この区間のリードになる確率は，グラフ上で0.2から0.4までの灰色部分の面積になる．2.1節で述べたように，このような関数のことを，**確率密度関数**というのであった．

この確率密度関数は，次の式で表される．

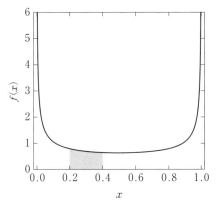

図 9.18

$$f(x) = \frac{1}{\pi\sqrt{x(1-x)}} \qquad (0 < x < 1) \tag{9.12}$$

そして，この累積分布関数（2.3節を参照）は，

$$F(x) = \int_0^x \frac{dt}{\pi\sqrt{t(1-t)}} = \frac{\arcsin\sqrt{x}}{\pi} \tag{9.13}$$

のように逆正弦関数で表されるので，ランダムウォークに関するこのような性質を**逆正弦法則**という．

なお，ここで述べたことの詳細については，ウィリアム・フェラー著の確率論の有名な入門書である「確率論とその応用（I上）」（紀伊國屋書店）を参照されたい．

9.1.6 対称ではないランダムウォーク

いままでは，例えば酔っぱらいが右（北）へ移動する確率と左（南）へ移動する確率を等しく $\frac{1}{2}$ としてきたが，左右へ行く確率が等しくない場合はどうなるだろうか．酔っぱらいのくせや，あるいは，「家の方向は少し北側ではなかったかという潜在意識」があって，北側に行く確率が $\frac{1}{2}$ よりわずかに大きいような場合である．

現在の位置から，+1の方向へ移動する確率を p，-1の方向へ移動する確率を $q = 1 - p$ とする．このとき，例えば $p = 0.6$, $q = 1 - 0.6 = 0.4$

の場合の $n = 1000$ までのサンプルパスは，例えば図 9.19 のようになる．

Prog[9-20]

また，$p = 0.55$, $q = 1 - 0.55 = 0.45$ の場合の，$n = 1000$ までのサンプルパスは，例えば図 9.20 のようになる．　　　　　　　Prog[9-21]

このように，右に移動する確率が 0.5 より少し大きいだけで，ランダムウォークのパスは全体として，わずかではなく，かなり右寄りになることがわかる．

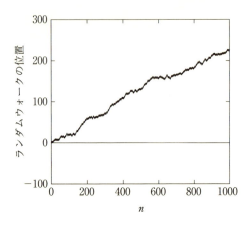

図 9.19

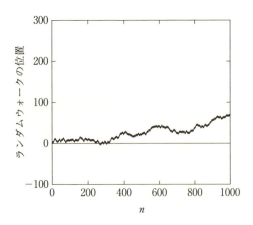

図 9.20

9.1.7 再帰確率

原点から出発したランダムウォークが対称でない場合，右に移動する確率を p，左に移動する確率を $q = 1 - p$ とすると，「いつか原点に戻ってくる確率（**再帰確率**）」は，次の式で与えられることが知られている．

$$1 - |p - q| = 1 - |2p - 1|$$

p を横軸にとり，再帰確率を縦軸にとると，この再帰確率のグラフは図 9.21 のようになる．

Prog[9-22]

このグラフから，再帰確率が 1 となって再帰的になるのは，$p = q = \frac{1}{2}$ の場合だけであることがわかる．つまり，どちらかに移動する確率が同じ対称なランダムウォークは「再帰的」となるが，左右に移動する確率が異なる対称でないランダムウォークの場合には「再帰的ではない」ことになる．

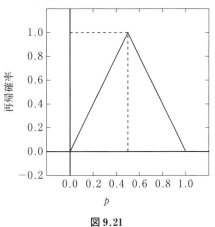

図 9.21

9.1.8 2次元以上のランダムウォーク

2次元ランダムウォークは，例えば，酔っぱらいが原っぱの真ん中で東西南北に移動できて，いずれの確率も $\frac{1}{4}$ となるような場合である．これを数式で表すと次のようになる．

$$S_{n+1} = \begin{cases} S_n + (1, 0) & \left(\text{確率}\ \frac{1}{4}\right) \\ S_n + (-1, 0) & \left(\text{確率}\ \frac{1}{4}\right) \\ S_n + (0, 1) & \left(\text{確率}\ \frac{1}{4}\right) \\ S_n + (0, -1) & \left(\text{確率}\ \frac{1}{4}\right) \end{cases}, \quad S_0 = (0, 0)$$

このような2次元ランダムウォークの 100 回までのサンプルパスは，例え

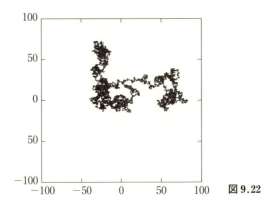

図 9.22

ば図 9.22 のようになる. Prog[9-23]

2次元ランダムウォークの場合，原点から出発したときは，確率 1 で「いつかは原点に戻ってくる」，すなわち，「再帰的である」ことが知られている．なお，3次元ランダムウォークの場合には「再帰的ではない」ことが知られていて，次元によって異なるところが面白いが，これらの性質についての証明は本書では省略する．

9.2 マルコフ連鎖

ランダムウォークには次の性質がある．

「時刻 n でとりうる値は，その前の時刻 $n-1$ での値から確率的に定まり，それ以前の値には無関係である．」

この性質を，**マルコフ性**という．

ランダムウォークの特徴は，次の値が前の時刻の値に対して $+1$ か -1 かであるが，2つの値だけに限らず複数の値をとる場合を**マルコフ連鎖**という．

いま，**確率過程**（時間的に変化していく確率変数を確率過程という）を X_n と表すと，マルコフ性は次のように表せる．

$$P(X_n = i \mid X_1 = i_1, \cdots, X_{n-1} = i_{n-1}) = P(X_n = i \mid X_{n-1} = i_{n-1})$$
(9.14)

この式の意味は，時刻 $1, 2, 3, \cdots, n-1$ でいろいろな値をとって，n のときに i という値をとる確率が，$n-1$ でとった値 i_{n-1} だけに依存して決まる

ということである.

時刻 n において, X_n の値が $X_n = i$ から時刻 $n + 1$ で $X_{n+1} = j$ に移動する確率を**推移確率**といい, $p_{ij}(n)$ と表す. X_n のとりうる値を**状態空間**というが, 本書では整数としておく.

$$p_{ij}(n) = P(X_{n+1} = j \mid X_n = i) \tag{9.15}$$

確率の値であるから 0 以上になるのは当然で, 推移確率には次の性質が成り立つ.

$$p_{ij}(n) \geq 0 \qquad (i, j = 1, 2, 3, \cdots) \tag{9.16}$$

また, n のとき i で, $n + 1$ のとき, あらゆる値を足せば全確率になるので

$$\sum_{j=1}^{\infty} p_{ij}(n) = 1 \tag{9.17}$$

も明らかであろう.

では, マルコフ連鎖の具体例を紹介しよう.

自動車メーカーが A 社, B 社, C 社, D 社, E 社の 5 社あって, ある人が, 現在乗っている車のメーカーから, 新しく購入する他のメーカーの車に乗り換えるとし, その確率が定まっているとする.

現在, A 社の車に乗っている人が, それぞれ次の確率で他のメーカーの車に乗り換えるとする.

$$
\text{A 社} \quad \Rightarrow \quad
\begin{cases}
0.2 & \text{(A 社)} \\
0.4 & \text{(B 社)} \\
0.2 & \text{(C 社)} \\
0.1 & \text{(D 社)} \\
0.1 & \text{(E 社)}
\end{cases}
$$

同様に, 次の確率が定まっているとする.

$$
\text{B 社} \quad \Rightarrow \quad
\begin{cases}
0.1 & \text{(A 社)} \\
0.4 & \text{(B 社)} \\
0.3 & \text{(C 社)} \\
0.1 & \text{(D 社)} \\
0.1 & \text{(E 社)}
\end{cases}
\qquad
\text{C 社} \quad \Rightarrow \quad
\begin{cases}
0.3 & \text{(A 社)} \\
0.2 & \text{(B 社)} \\
0.4 & \text{(C 社)} \\
0.0 & \text{(D 社)} \\
0.1 & \text{(E 社)}
\end{cases}
$$

$$
D \, 社 \ \Rightarrow \ \begin{cases} 0.1 \ （A \, 社） \\ 0.3 \ （B \, 社） \\ 0.2 \ （C \, 社） \\ 0.3 \ （D \, 社） \\ 0.1 \ （E \, 社） \end{cases} \qquad E \, 社 \ \Rightarrow \ \begin{cases} 0.1 \ （A \, 社） \\ 0.1 \ （B \, 社） \\ 0.5 \ （C \, 社） \\ 0.1 \ （D \, 社） \\ 0.2 \ （E \, 社） \end{cases}
$$

これらの確率をまとめて表すには，次のような行列による表現を使うとよい．

$$
\begin{array}{c}
\ \\
A \, 社 \\
B \, 社 \\
C \, 社 \\
D \, 社 \\
E \, 社
\end{array}
\begin{array}{ccccc}
A \, 社 & B \, 社 & C \, 社 & D \, 社 & E \, 社 \\
\end{array}
\left(\begin{array}{ccccc}
0.2 & 0.4 & 0.2 & 0.1 & 0.1 \\
0.1 & 0.4 & 0.3 & 0.1 & 0.1 \\
0.3 & 0.2 & 0.4 & 0.0 & 0.1 \\
0.1 & 0.3 & 0.2 & 0.3 & 0.1 \\
0.1 & 0.1 & 0.5 & 0.1 & 0.2
\end{array}\right)
$$

左側の名前が現在乗っている車のメーカーであり，右側へ伸びている数値が，新しく購入する他のメーカーの車に乗り換える確率である．上と横の名称をとった行列のことを，この例における**推移確率行列**とよび，

$$
\left(\begin{array}{ccccc}
0.2 & 0.4 & 0.2 & 0.1 & 0.1 \\
0.1 & 0.4 & 0.3 & 0.1 & 0.1 \\
0.3 & 0.2 & 0.4 & 0.0 & 0.1 \\
0.1 & 0.3 & 0.2 & 0.3 & 0.1 \\
0.1 & 0.1 & 0.5 & 0.1 & 0.2
\end{array}\right)
$$

のように表せる．

9.2.1 初期分布

マルコフ過程における，各時刻でどこにいる確率がどのくらいかを表す確率分布は，**初期分布**がわからなければ定まらない．初期分布とは，時刻0において，どこにいる確率がどのくらいかを表す確率分布のことであり，時刻0で k という値をとる確率を

$$
\mu(k) = P(X_0 = k) \tag{9.18}
$$

のように表す．

車の買い換えの例で，A社，B社，C社，D社のみとして，推移確率行列が例えば次のように表されるマルコフ連鎖を考えてみよう．

$$Q = \begin{pmatrix} p_{11}(n) & p_{12}(n) & p_{13}(n) & p_{14}(n) \\ p_{21}(n) & p_{22}(n) & p_{23}(n) & p_{24}(n) \\ p_{31}(n) & p_{32}(n) & p_{33}(n) & p_{34}(n) \\ p_{41}(n) & p_{42}(n) & p_{43}(n) & p_{44}(n) \end{pmatrix} = \begin{pmatrix} 0.6 & 0.2 & 0.1 & 0.1 \\ 0.1 & 0.5 & 0.2 & 0.2 \\ 0.1 & 0.1 & 0.7 & 0.1 \\ 0.0 & 0.1 & 0.1 & 0.8 \end{pmatrix}$$

初期分布が各メーカーとも等しく，$\mu(1) = \mu(2) = \mu(3) = \mu(4) = 0.25$ とすると，$n = 1$ における分布は次のようになる．

$$\begin{aligned} P(X_1 = 1) &= \mu(1) \times p_{11}(1) + \mu(2) \times p_{21}(1) + \mu(3) \times p_{31}(1) \\ &\qquad + \mu(4) \times p_{41}(1) \\ &= 0.25 \times 0.6 + 0.25 \times 0.1 + 0.25 \times 0.1 + 0.25 \times 0.0 \\ &= 0.2 \end{aligned} \tag{9.19}$$

この計算は，ベクトル

$$\mu = (0.25 \quad 0.25 \quad 0.25 \quad 0.25) \quad \text{と} \quad p = \begin{pmatrix} 0.6 \\ 0.1 \\ 0.1 \\ 0.0 \end{pmatrix}$$

の，1番目と1番目，2番目と2番目，3番目と3番目，4番目と4番目の積の和で，いわゆるベクトルの内積 $\mu \cdot p$ に他ならない（ベクトルの内積については，拙著：「経済・経営のための数学教室」（裳華房）を参照されたい）．

$P(X_1 = 2)$，$P(X_1 = 3)$，$P(X_1 = 4)$ となる確率も同様に計算すると次のようになる．

$$P(X_1 = 2) = (0.25 \quad 0.25 \quad 0.25 \quad 0.25) \cdot \begin{pmatrix} 0.2 \\ 0.5 \\ 0.1 \\ 0.1 \end{pmatrix} = 0.225$$

$$P(X_1 = 3) = (0.25 \quad 0.25 \quad 0.25 \quad 0.25) \cdot \begin{pmatrix} 0.1 \\ 0.2 \\ 0.7 \\ 0.1 \end{pmatrix} = 0.275$$

$$P(X_1 = 4) = (0.25 \quad 0.25 \quad 0.25 \quad 0.25) \cdot \begin{pmatrix} 0.1 \\ 0.2 \\ 0.1 \\ 0.8 \end{pmatrix} = 0.3$$

162　　第9章　確率過程入門

　以上の計算は，初期分布 $(0.25\ 0.25\ 0.25\ 0.25)$ と推移確率行列 Q の，1列目のベクトルとの内積，2列目のベクトルとの内積，3列目のベクトルとの内積，4列目のベクトルとの内積となっており，1行4列の行列と4行4列の行列との積

$$(0.25\ 0.25\ 0.25\ 0.25)\begin{pmatrix} 0.6 & 0.2 & 0.1 & 0.1 \\ 0.1 & 0.5 & 0.2 & 0.2 \\ 0.1 & 0.1 & 0.7 & 0.1 \\ 0.0 & 0.1 & 0.1 & 0.8 \end{pmatrix} = (0.2\ 0.225\ 0.275\ 0.3)$$

に他ならない．

　また，初期分布を，ある年の各社のシェアの割合としてみると，$n=1$ での各メーカーの市場占有の確率分布は次のようになる．例えば，A社，B社，C社，D社のシェアの初期分布を $(0.324\ 0.390\ 0.120\ 0.166)$ とすると，1年後のシェアは

$$(0.324\ 0.390\ 0.120\ 0.166)\begin{pmatrix} 0.6 & 0.2 & 0.1 & 0.1 \\ 0.1 & 0.5 & 0.2 & 0.2 \\ 0.1 & 0.1 & 0.7 & 0.1 \\ 0.0 & 0.1 & 0.1 & 0.8 \end{pmatrix}$$
$$= (0.2454\ 0.2884\ 0.2110\ 0.2552)$$

となる．

　さらに，最初の車のメーカーがD社のみとすると，初期分布は次のようになる．

$$\mu = (0\ 0\ 0\ 1)$$

このときの $n=1$ での分布は次のように定まる．

$$(0\ 0\ 0\ 1)\begin{pmatrix} 0.6 & 0.2 & 0.1 & 0.1 \\ 0.1 & 0.5 & 0.2 & 0.2 \\ 0.1 & 0.1 & 0.7 & 0.1 \\ 0.0 & 0.1 & 0.1 & 0.8 \end{pmatrix} = (0.0\ 0.1\ 0.1\ 0.8)$$

9.2.2　マルコフ連鎖のサンプルパス

　前項でとり上げたA社，B社，C社，D社の推移確率行列が Q となるマルコフ連鎖のサンプルパスを実際に描くためには，出発点を定めなければな

らない．例えば，先の例で出発点を C 社としてサンプルパスを描いてみよう．

9.2.1 項で述べたように，3 から出発し，数字の 1，2，3，4 と移動していく確率が推移確率行列 Q で表されることになるので，10 回までの例と 100 回までのサンプルパスは，例えば図 9.23，図 9.24 のようになる．

Prog[9-24]

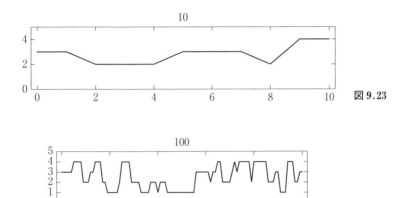

図 9.23

図 9.24

9.2.3 行列の積との対応

ここでは，C 社からはじめて 2 回買い換えた後に D 社になっている確率を求めてみよう．このようになる場合は，次のように 4 通りの方法がありうる．それぞれの確率は（ ）の中に記入しておく．

$$
\begin{aligned}
&C社 \Rightarrow A社(0.1) \Rightarrow D社(0.1) \\
&C社 \Rightarrow B社(0.1) \Rightarrow D社(0.2) \\
&C社 \Rightarrow C社(0.7) \Rightarrow D社(0.1) \\
&C社 \Rightarrow D社(0.1) \Rightarrow D社(0.8)
\end{aligned}
$$

ここで，C 社 $\Rightarrow$ A 社(0.1) $\Rightarrow$ D 社(0.1) と買い換える確率は，1 回目と 2 回目の試行が独立であることから，単純に掛け算で得られる．

$$0.1 \times 0.1 = 0.01$$

C 社 $\Rightarrow$ B 社(0.1) $\Rightarrow$ D 社(0.2)，C 社 $\Rightarrow$ C 社(0.7) $\Rightarrow$ D 社(0.1)，C 社 $\Rightarrow$ D 社(0.1) $\Rightarrow$ D 社(0.8) となる確率も同様にして，

$$0.1 \times 0.2 = 0.02, \ 0.7 \times 0.1 = 0.07, \ 0.1 \times 0.8 = 0.08$$

のように求められる.

最初にC社だった人が，2回の買い換えでD社に買い換える確率は，これらの和であり，$0.01 + 0.02 + 0.07 + 0.08 = 0.18$ となる.

この計算は，C社からの移動の横の確率ベクトル $(0.1, 0.1, 0.7, 0.1)$ とD社への移動の縦ベクトル $\begin{pmatrix} 0.1 \\ 0.2 \\ 0.1 \\ 0.8 \end{pmatrix}$ との内積に他ならない.

他のメーカーでも同じであり，現在 i 番目のメーカーの人が，2回の買い換えで j 番目のメーカーに買い換える確率は，i 番目の横ベクトル $((i,1) \ \ (i,2) \ \ (i,3) \ \ (i,4))$ と j 番目の縦ベクトル $\begin{pmatrix} (1,j) \\ (2,j) \\ (3,j) \\ (4,j) \end{pmatrix}$ の内積で求められる.

以上のような計算は，2つの行列の積の計算に他ならない（行列の積の計算については，拙著：「経済・経営のための数学教室」（裳華房）を参照されたい）．すなわち，あるメーカーから2回でどのメーカーの車に乗り換えるかは，1回で移動する推移確率行列 Q に対して，$QQ = Q^2$ で計算できて，ここでの例では

$$Q^2 = \begin{pmatrix} 0.39 & 0.24 & 0.18 & 0.19 \\ 0.13 & 0.31 & 0.27 & 0.29 \\ 0.14 & 0.15 & 0.53 & 0.18 \\ 0.02 & 0.14 & 0.17 & 0.67 \end{pmatrix}$$

となる．したがって，最初にC社であった人が2回の買い換えでどのメーカーになっているかの確率は，9.2.1項で述べたように，$\mu = (0 \ \ 0 \ \ 1 \ \ 0)$ と行列 Q^2 の積で得られ，

$$\mu Q^2 = (0 \ \ 0 \ \ 1 \ \ 0) \begin{pmatrix} 0.39 & 0.24 & 0.18 & 0.19 \\ 0.13 & 0.31 & 0.27 & 0.29 \\ 0.14 & 0.15 & 0.53 & 0.18 \\ 0.02 & 0.14 & 0.17 & 0.67 \end{pmatrix}$$

$$= (0.14 \ \ 0.15 \ \ 0.53 \ \ 0.18)$$

9.2 マルコフ連鎖

となる.

最初に C 社であった人が，10 回の買い換えでどのメーカーになっているかの確率は，$\mu = (0\ \ 0\ \ 1\ \ 0)$ と行列 Q^{10} の積で得られ，

$$\mu Q^{10} = (0\ \ 0\ \ 1\ \ 0) \begin{pmatrix} 0.126239 & 0.189096 & 0.297046 & 0.387619 \\ 0.122695 & 0.187499 & 0.297548 & 0.392258 \\ 0.126832 & 0.188594 & 0.301092 & 0.383482 \\ 0.113919 & 0.184457 & 0.292909 & 0.408716 \end{pmatrix}$$

$$= (0.126832\ \ 0.188594\ \ 0.301092\ \ 0.383482)$$

となる.

問題 9.3 上のような車のメーカーの推移確率のもとで，各メーカーの初期分布が等しい確率で，$(0.25\ \ 0.25\ \ 0.25\ \ 0.25)$ とする．3 回の買い換えの結果の，各メーカーの確率を求めよ．

さらに車の買い換えの回数を増やしていくと，面白い性質が現れてくる．最初に C 社であった人が，40 回と 60 回の買い換えでどのメーカーになっているかの確率は，$\mu = (0\ \ 0\ \ 1\ \ 0)$ と行列 Q^{40}，行列 Q^{60} の積で得られるので

$$\mu Q^{40} = (0\ \ 0\ \ 1\ \ 0) \begin{pmatrix} 0.120879 & 0.186813 & 0.296703 & 0.395604 \\ 0.120879 & 0.186813 & 0.296703 & 0.395604 \\ 0.120879 & 0.186813 & 0.296703 & 0.395604 \\ 0.120879 & 0.186813 & 0.296703 & 0.395605 \end{pmatrix}$$

$$= (0.120879\ \ 0.186813\ \ 0.296703\ \ 0.395604)$$

$$\mu Q^{60} = (0\ \ 0\ \ 1\ \ 0) \begin{pmatrix} 0.120879 & 0.186813 & 0.296703 & 0.395604 \\ 0.120879 & 0.186813 & 0.296703 & 0.395604 \\ 0.120879 & 0.186813 & 0.296703 & 0.395604 \\ 0.120879 & 0.186813 & 0.296703 & 0.395604 \end{pmatrix}$$

$$= (0.120879\ \ 0.186813\ \ 0.296703\ \ 0.395604)$$

となり，買い換えの回数が多くなると，どのメーカーになるかの確率に変化がみられなくなってくることがわかる．しかも，この分布は初期分布を等確率としても

166 第9章 確率過程入門

$$\mu Q^{40} = (0.25 \quad 0.25 \quad 0.25 \quad 0.25) \begin{pmatrix} 0.120879 & 0.186813 & 0.296703 & 0.395604 \\ 0.120879 & 0.186813 & 0.296703 & 0.395604 \\ 0.120879 & 0.186813 & 0.296703 & 0.395604 \\ 0.120879 & 0.186813 & 0.296703 & 0.395604 \end{pmatrix}$$

$$= (0.120879 \quad 0.186813 \quad 0.296703 \quad 0.395604)$$

となって，同じ分布に収束することがわかる．

実は，このような性質はすべてのマルコフ連鎖について成り立つことではないので，詳しいことは，次項の「マルコフ連鎖の状態の分類」の後に述べることにする．

9.2.4 マルコフ連鎖の状態の分類

マルコフ連鎖 X_n のとる値の集合を**状態空間**とよび，一般に S で表す．また，n ステップで i から j へ移動する推移確率を，

$$p^{(n)}(i, j) = P(X_n = j \,|\, X_{n-1} = i)$$

と表し，ある $n(\geq 1)$ に対して $p^{(n)}(i, j) > 0$ が成り立つときを，i から j へ**到達可能**であるといい，$i \to j$ と表す．そして，$\to$ は次のような意味の推移律が成り立つ．

$$i \to j, \quad j \to k \quad ならば，\quad i \to k$$

なお，状態空間の部分集合において，一度その集合から外へ出てしまうと二度と戻ってこられない状態の集合を**消散部分**といい，F で表す．そして，そのことは

$$i \to j \in F^c であるが，任意の j \in F^c に対して j \nrightarrow i$$

のように表すことができる（F^c は F の補集合を表す）．

ところで，集合の一般論で，集合 S の2つの要素 a, b の間に，ある関係「$\sim$」が定義されていて，

    (1)   反射律：$a \sim a$

    (2)   対称律：$a \sim b$ ならば $b \sim a$

    (3)   推移律：$a \sim b$ かつ $b \sim c$ ならば $a \sim c$

の関係を満たすとき，**同値関係**が成り立っているという．

また，集合 S に同値関係 $\sim$ があると，S は互いに「共通部分をもたない

集合 E_k の和」に分解することができて，

$$S = E_1 + E_2 + \cdots + E_k + \cdots \qquad (k = 1, 2, \cdots)$$

となる．この E_k のことを**同値類**とよぶ．

やさしい例としては，S を整数の集合とし，関係 $a \sim b$ を「$a - b$ が偶数」とすると，$\sim$ は同値関係であり，S は

$$S = \text{「偶数」} + \text{「奇数」}$$

のように2つの同値類に分解することができる．

ここで，マルコフ連鎖における「互いに到達可能である」という同値関係を，集合の一般論における同値関係と考え，集合で「同値類の和で表せる」ことを「マルコフ連鎖の同値類の和で表せる」と考えることができる．

マルコフ連鎖の状態空間 S において，$i \to j$，$j \to i$ のとき $i \leftrightarrow j$ と表し，「互いに到達可能である」という．S がマルコフ連鎖の状態空間のとき，a と b が互いに到達可能である場合には，消散部分以外 $(S - F)$ において

- (1)　反射律：$a \leftrightarrow a$
- (2)　対称律：$a \leftrightarrow b$ ならば，$b \leftrightarrow a$
- (3)　推移律：$a \leftrightarrow b$　かつ　$b \leftrightarrow c$ ならば，$a \leftrightarrow c$

のように同値関係が成り立つ．

マルコフ連鎖の状態空間を，この同値関係で分類した場合の同値類を，**エルゴード類**とよび，

$$S - F = E_1 + E_2 + \cdots + E_k + \cdots$$

と表すことができる．

ある要素 a が，あるエルゴード類 E_k の要素であれば，a と互いに到達可能な要素は，すべて同じエルゴード類 E_k に入り，ここから外へ出ることはない．そして，消散部分や，他のエルゴード類 E_j から入ってくることはあっても，一旦エルゴード類 E_k に入れば，ここから外へ出ていくことはない．

エルゴード類がわかるようなマルコフ連鎖の例を紹介しよう．推移確率行列が次のようなマルコフ連鎖を考えてみる．

$$\begin{array}{c} \text{(行き先)} \\ \text{(出発点)}\begin{array}{c} 1 \\ 2 \\ 3 \\ 4 \\ 5 \\ 6 \\ 7 \end{array} \begin{pmatrix} \begin{array}{ccccccc} 1 & 2 & 3 & 4 & 5 & 6 & 7 \\ 0 & 0 & 0.7 & 0.3 & 0 & 0 & 0 \\ 0 & 0 & 0.2 & 0.8 & 0 & 0 & 0 \\ 0 & 0 & 0.6 & 0.4 & 0 & 0 & 0 \\ 0 & 0 & 0.3 & 0.7 & 0 & 0 & 0 \\ 0 & 0 & 0 & 0 & 0.5 & 0.4 & 0.1 \\ 0 & 0 & 0 & 0 & 0.7 & 0.2 & 0.1 \\ 0 & 0 & 0 & 0 & 0.2 & 0.5 & 0.3 \end{array} \end{pmatrix} \end{array}$$

この行列の見方は，車の買い換えの場合と同じであるが，左端の数字が出発点を表し，上段の数字が行き先を表している．例えば，1から出て1，2に行く確率は0で，3に行く確率が0.7，4に行く確率が0.3という意味である．したがって，1または2から出て行ったパスは，3（確率0.7）または4（確率0.3）に移動するが，他の状態には行かない（1，2，5，6，7へ行く確率0）．また，はじめの2列がすべて0であるから，どの状態からも1または2に来ないことがわかり，1または2から出たパスは1または2に戻ってくることはなく，$\{1,2\}$は消散部分であることがわかる．このことは，次のように50回までのサンプルパスをみてもわかるだろう．

一例の図9.25と図9.26では，横軸が回数で1から50回までであり，縦軸がマルコフ連鎖の状態を表す数で1から7までであり，1，2から出発したパスは3，4にしか行かないことがわかるだろう．Prog[9-25]，Prog[9-26]

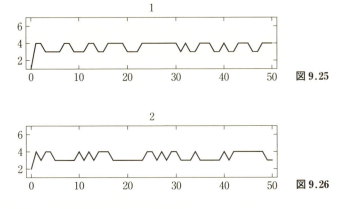

図 9.25

図 9.26

9.2 マルコフ連鎖

一例の図 9.27 と図 9.28 では，3 から出発したパスは 3（確率 0.6）か 4（確率 0.4）にしか行かず，他へ行く確率は 0 で，4 から出発したパスも 3（確率 0.3）か 4（確率 0.7）にしか行かず，他へ行く確率は 0 である．したがって，{3, 4} は一つのエルゴード類となっている．これを $E_1 = \{3, 4\}$ とおく．このことは，次のように 50 回までのサンプルパスをみてもわかるだろう．

Prog[9-27]，Prog[9-28]

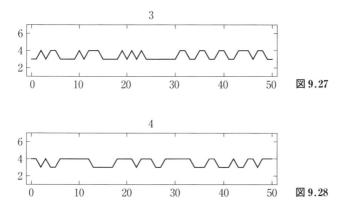

図 9.27

図 9.28

一例の図 9.29 〜 図 9.31 では，5 から出たパスは 5, 6, 7（グラフにはないが）にしか行かず，6 から出たパスも 5, 6, 7（グラフにはないが）にしか行かず，7 から出たパスも 5, 6, 7 にしか行かないことがわかるので，{5, 6, 7} もエルゴード類となる．Prog[9-29]，Prog[9-30]，Prog[9-31]

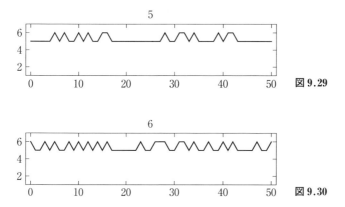

図 9.29

図 9.30

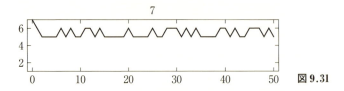

図 9.31

なお，消散部分がなく（すなわち $F = \emptyset$），エルゴード類がただ1つの場合に，マルコフ連鎖 X_n は**既約**である，あるいは**エルゴード的**であるという．

問題 9.4 推移確率行列が

$$
\begin{array}{c}
12345 \\
\begin{array}{c}1\\2\\3\\4\\5\end{array}
\begin{pmatrix}
0 & 0.4 & 0.6 & 0 & 0 \\
0 & 0.5 & 0.5 & 0 & 0 \\
0 & 0.3 & 0.7 & 0 & 0 \\
0 & 0 & 0 & 0.8 & 0.2 \\
0 & 0 & 0 & 0.6 & 0.4
\end{pmatrix}
\end{array}
$$

のようなマルコフ連鎖があるとき，次の問いに答えよ．

（1）消散部分を求めよ．

（2）エルゴード類を求めよ．

（3）5つの点から出発するサンプルパスを描き，（1）と（2）を確かめよ．

9.2.5 マルコフ連鎖の再帰性

ランダムウォークの場合と同じように，状態 i から出発したパスが，いつかは i に戻ってくる確率が1のとき，状態 i は**再帰的**とよばれる．

マルコフ連鎖では，状態 i から n ステップではじめて状態 j に到達する確率を $f(i,j)^{(n)}$ で表すと，次の式が成り立つ．

$$p(i,j)^{(n)} = \sum_{k=1}^{n} f(i,j)^{(k)} \, p(j,j)^{(n-k)} \tag{9.20}$$

この式は，n ステップで i から j に行く確率を，i から出てはじめて j に達する時刻 k で分類したものである．例えば，i から出て3回目ではじめて j に到達する確率は，そこから後の $n-3$ ステップで再び j に到達する確率を掛けて得られる．

この記号を使うと，確率 $f(i,i) = \sum_{k=1}^{\infty} f(i,i)^{(k)}$ は，状態 i から出発した

パスがいつかは i に戻ってくる確率を表す．なお，「いつか戻ってくる」というのは，「2ステップ目で戻る，または3ステップ目で戻る，4ステップ目で戻る，…」を合わせたものを意味する．

$f(i,i)=1$ のときは，状態 i から出発したパスが，いつかは i に戻ってくる確率が1となるので，状態 i は**再帰的**となる．$f(i,i)<1$ のときには，状態 i は**非再帰的**とよばれる．状態 i が再帰的ならば，i から出たパスが i に無限回戻ってくる確率も1となる．

定理 再帰的と非再帰的の性質を推移確率で表現すると次のようになる．

(1) i が再帰的，すなわち $f(i,i)=1$ $\leftrightarrow$ $\sum_{k=1}^{\infty} p(i,i)^{(k)} = \infty$

(2) i が非再帰的，すなわち $f(i,i)<1$ $\leftrightarrow$ $\sum_{k=1}^{\infty} p(i,i)^{(k)} < \infty$

9.2.6 マルコフ連鎖の周期

状態 i から出発したパスが再び i に戻る回数が，ある整数 $d(i)$ の倍数に限るとき，$d(i)$ を**状態 i の周期**という．すなわち，次のように定められる．

$$d(i) = gcd(n : P(X_n = i \mid X_0 = i) > 0)$$

gcd は，greatest common divisor の略で，最大公約数のことである．なお，$d(i)=1$ のときには，i は**非周期的**であるという．

推移確率行列が次のような場合のマルコフ連鎖の周期を調べてみよう．

$$Q = \begin{array}{c} \\ 1 \\ 2 \\ 3 \\ 4 \end{array} \begin{array}{cccc} 1 & 2 & 3 & 4 \end{array} \\ \left(\begin{array}{cccc} 0 & 0 & 1 & 0 \\ 0.3 & 0 & 0 & 0.7 \\ 0.4 & 0 & 0 & 0.6 \\ 0 & 0.6 & 0.4 & 0 \end{array} \right)$$

1 から出発したサンプルパスは図 9.32 のようになり，1 に戻る時間は，偶数の時間のときだけであることがわかる．したがって，$d(1)=2$ で，状態

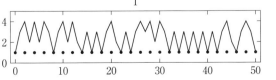

図 **9.32**

1の周期は2となる．2から出発したパスも，2に戻る時間は偶数の時間のときだけで$d(2) = 2$となり，2の周期も2である（図9.33）．

3から出発したパスも，3に戻る時間は偶数の時間のときだけで$d(3) = 2$となり，3の周期も2である（図9.34）．

4から出発したパスも，4に戻る時間は偶数のときだけで$d(4) = 2$となり，4の周期も2である（図9.35）．

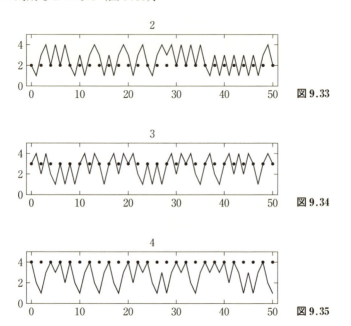

図 9.33

図 9.34

図 9.35

9.2.7 極限分布

車の買い換えの場合のメーカーの推移について調べたときに，$n \to \infty$のときの極限分布について述べた（9.2.3項を参照）が，一般のマルコフ連鎖については，次の定理が成り立つ．

[定理] マルコフ連鎖が非周期的で，既約であるとする．また，すべての状態が再帰的であるとするとき，状態iには依存しない，次のような極限が存在する．

$$\lim_{n \to \infty} p(i,j)^{(n)} = \pi(j) \tag{9.21}$$

また，状態空間を $S = \{1, 2, 3, \cdots, N\}$ とすると，この $\pi(j)$ は次の式を満たす．

$$
\begin{cases}
\pi(j) = \sum_{i=1}^{N} \pi(i)\, p(i, j) ^{(1)} \\
\sum_{i=1}^{N} \pi(i) = 1
\end{cases}
\tag{9.22}
$$

この関係式を満たす $\pi(j)$ は，上で定義された $\pi(j)$ のみである．この定理で定まる $\pi(j)$ を，**極限分布**とよぶ．

問題 9.5 推移確率行列が次のように表せるマルコフ連鎖の極限分布を求めよ．

$$
Q = \begin{pmatrix}
\dfrac{2}{10} & \dfrac{4}{10} & \dfrac{4}{10} \\[2mm]
\dfrac{5}{10} & \dfrac{3}{10} & \dfrac{2}{10} \\[2mm]
\dfrac{8}{10} & \dfrac{1}{10} & \dfrac{1}{10}
\end{pmatrix}
$$

また，初期分布 $(0.25 \quad 0.25 \quad 0.25 \quad 0.25)$ から出発し，20 ステップしたときの分布を求めて，極限分布と比較せよ．

付　録

A.1　チェビシェフの不等式

チェビシェフの不等式の拡張

確率変数 X の期待値を $m = E(X)$ とし，$E(X-m)^{2k} = \mu_{2k}\,(k=0,1,2,\cdots)$ とおくと，

$$P(|X-m| \geq \varepsilon) \leq \frac{\mu_{2k}}{\varepsilon^{2k}} \tag{A.1}$$

が成り立ち，余事象の確率については，

$$P(|X-m| > \varepsilon) \geq 1 - \frac{\mu_{2k}}{\varepsilon^{2k}}$$

が成り立つ.

チェビシェフの不等式の拡張の証明　ここでは，X の分布が連続型の場合だけを示しておく．なお，離散型の場合も証明はほとんど同じであるから，ここでは省略することにする．

μ_{2k} の定義より

$$\mu_{2k} = E(X-m)^{2k} = \int_{-\infty}^{\infty}(x-m)^{2k}f(x)\,dx$$

$$\geq \int_{|x-m|\geq\varepsilon\,の範囲}(x-m)^{2k}f(x)\,dx \geq \int_{|x-m|\geq\varepsilon\,の範囲}\varepsilon^{2k}f(x)\,dx$$

$$= \varepsilon^{2k}\int_{|x-m|\geq\varepsilon\,の範囲}f(x)\,dx = \varepsilon^{2k}P(|X-m|\geq\varepsilon)$$

となるので，両辺を ε^{2k} で割ると，

$$P(|X-m|\geq\varepsilon) \leq \frac{\mu_{2k}}{\varepsilon^{2k}}$$

となり，(A.1) が示せた.　　　　　　　　　　　　　　　　　　　　　　　　終

A.2　イェンセンの不等式

$h(x)$ が凸関数であることから，任意の固定した x_0 に対して，線形関数 $g(x) = ax + b$ が存在して，$h(x_0) = g(x_0)$ かつ $h(x) \geq g(x)$ となっている（図 A.1）.

このことから，$x_0 = E(X)$ とおくと，期待値について次の不等式が成り立つ.

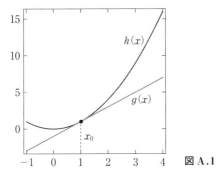

図 A.1

$$E(h(X)) \geq h(E(X))$$

証明　図 A.1 より

$$\begin{aligned}E(h(X)) \geq E(g(X)) &= E(aX + b) \\ &= aE(X) + b = g(E(X)) \\ &= h(E(X))\end{aligned}$$ 　終

A.3　ボレル‐カンテーリの補題

第1定理の証明　確率の性質から，次の式が成り立つ．

$$0 \leq P\Big(\bigcup_{k=n}^{\infty} A_k\Big) \leq \sum_{k=n}^{\infty} P(A_k) = \sum_{k=1}^{\infty} P(A_k) - \sum_{k=1}^{n-1} P(A_k)$$

したがって，すべての n に対して次の式が成り立つ．

$$P(\limsup_{n\to\infty} A_n) = P\Big(\bigcap_{n=1}^{\infty}\bigcup_{k=n}^{\infty} A_k\Big) \leq \sum_{k=1}^{\infty} P(A_k) - \sum_{k=1}^{n-1} P(A_k)$$

この右辺は，$n \to \infty$ のときに 0 になっていく．ゆえに，次の式が成り立つことがわかる．

$$P\Big(\limsup_{n\to\infty} A_n\Big) = 0$$ 　終

第2定理の証明　はじめに，集合についてのド・モルガンの法則を思い出そう．確率事象についても同じことが成り立つ．

$$(A \cup B)^c = A^c \cap B^c, \quad (A \cap B)^c = A^c \cup B^c$$

この関係は可算無限個の事象についても成り立つので，次のようになる．

$$\Big(\bigcap_{n=1}^{\infty}\bigcup_{k=n}^{\infty} A_k\Big)^c = \bigcup_{n=1}^{\infty}\bigcap_{k=n}^{\infty} A_k^c$$

この式は，

$$\Big(\limsup_{n\to\infty} A_n\Big)^c = \Big(\liminf_{n\to\infty} A_n^c\Big)$$

のように表せるので,定理2の結論である,$P\left(\limsup_{n\to\infty} A_n\right) = 1$ を示すには,
$$P\left(\left(\limsup_{n\to\infty} A_n\right)^C\right) = P\left(\bigcup_{n=1}^{\infty} \bigcap_{k=n}^{\infty} A_k^C\right) = 0$$
を示せばよい.

はじめに,任意の n に対して,$P\left(\bigcap_{k=n}^{\infty}\right) = 0$ を示す.

$m > n$ に対して,$A_n^C, A_{n+1}^C, \cdots, A_m^C$ は仮定から独立であり,次の式が成り立つ.
$$P\left(\bigcap_{k=n}^{m} A_k^C\right) = \prod_{k=n}^{m} P(A_k^C) = \prod_{k=n}^{m} \{1 - P(A_k)\}$$

ところで,任意の $x \geq 0$ に対して,不等式 $1 - x \leq e^{-x}$ が成り立つ.このことは,図 A.2 からもわかるであろう.

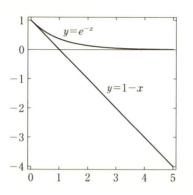

図 A.2

この不等式を用いると,次のことが成り立つことがわかる.
$$\prod_{k=n}^{m} \{1 - P(A_k)\} \leq \prod_{k=n}^{m} e^{-P(A_k)} = e^{-\sum_{k=n}^{m} P(A_k)}$$
合わせて,次の不等式が成り立つ.
$$P\left(\bigcap_{k=n}^{m} A_k^C\right) \leq e^{-\sum_{k=n}^{m} P(A_k)}$$

ここで,$m \to \infty$ としてみると,仮定してある $\sum_{n=1}^{\infty} P(A_n) = \infty$ から,$\lim_{m\to\infty}\sum_{k=n}^{m} P(A_k) = \infty$ となる.

よって,$\lim_{x\to\infty} e^{-x} = 0$ であるから,$\lim_{m\to\infty} e^{-\sum_{k=n}^{m} P(A_k)} = 0$ となる.

一方,$\lim_{m\to\infty} P\left(\bigcap_{k=n}^{m} A_k^C\right)$ において,$\bigcap_{k=n}^{m} A_k^C$ は m について単調増加であるから,確率の単調連続性により,次のようになる.
$$\lim_{m\to\infty} P\left(\bigcap_{k=n}^{m} A_k^C\right) = P\left(\lim_{m\to\infty} \bigcap_{k=n}^{m} A_k^C\right) = P\left(\bigcap_{k=n}^{\infty} A_k^C\right) = 0$$

結局,次の式が得られる.
$$P\left(\bigcup_{k=n}^{\infty} \bigcap_{k=n}^{\infty} A_k^C\right) \leq \sum_{k=1}^{\infty} P\left(\bigcap_{k=n}^{\infty} A^C\right) = 0$$

A.4 スターリングの公式 177

$$\left(\left(\limsup_{n\to\infty} A_n\right)^C\right) = P\left(\bigcup_{n=1}^{\infty}\bigcap_{k=n}^{\infty} A_k^c\right) = 0$$

これで，余事象の確率計算から，第2定理の結論が得られたことになる．

$$\sum_{n=1}^{\infty} P(A_n) = \infty \ \Rightarrow \ P\left(\limsup_{n\to\infty} A_n\right) = 1 \qquad \boxed{終}$$

$\boxed{補題}$ Z を，$P(Z \geq 0) = 1$ なる確率変数とする．このとき，次の関係が成り立つ．

$$E(Z) < +\infty \ \Rightarrow \ P(Z < +\infty) = 1$$

$\boxed{補題の証明}$ $P(Z \geq 0) = 1$ より，

$$P(Z(\omega) < \infty \ \ \text{または} \ \ Z(\omega) = \infty) = 1$$

である．$A = \{\omega \in \Omega; Z(\omega) = +\infty\}$ とし，1_A を A の定義関数とする．すなわち，

$$1_A = \left\{ \begin{array}{ll} 1 & (\omega \in A) \\ 0 & (\omega \notin A) \end{array} \right.$$

を用いて，補題を背理法を用いて証明する．すなわち，結論を否定して，矛盾を導く方法である．

　結論である，$E(Z) < +\infty \Rightarrow P(Z < +\infty) = 1$ を否定して，$E(Z) < +\infty \Rightarrow P(Z < +\infty) < 1$ とすると，$P(A) > 0$ となる．

$$E(Z) \geq E(Z 1_A) = (+\infty) \times P(A) + 0 \times P(A^c) = +\infty$$

これは，補題の条件である $E(Z) < +\infty$ と矛盾している．したがって，背理法により，$P(Z < +\infty) = 1$ が証明されたことになる． $\boxed{終}$

A.4 スターリングの公式

　スターリングの公式とは，次の式のことであった．

$$n! \sim \sqrt{2\pi n}\, n^n e^{-n} \qquad\qquad (\text{A.2})$$

ここで，$\sim$ の意味は次の通りである．

$$f(n) \sim g(n) \quad (n \to \infty) \iff \lim_{n\to\infty} \frac{f(n)}{g(n)} = 1$$

同じ意味であるが，次のようにも表せる．

$$\frac{f(n)}{g(n)} = 1 + o(1)$$

ここで $o(1)$ とは，$h(n) = o(1)$ において，$\lim_{n\to\infty} h(n) = 0$ を意味している．

$\boxed{スターリングの公式の証明}$ （A.2）の両辺を $\sqrt{n}\, n^n e^{-n}$ で割って，

$$\lim_{n\to\infty} \frac{n!}{\sqrt{n}\, n^n e^{-n}} = \sqrt{2\pi}$$

178   付　録

を証明するのと同じであるが，両辺の対数をとって，次の式を示せばよい．

$$\lim_{n \to \infty} \log \frac{n!}{\sqrt{n}\,n^n e^{-n}} = \log \sqrt{2\pi}$$

対数の性質から，$\log \frac{y}{x} = \log y - \log x$, $\log xy = \log x + \log y$, $\log x^n = n \log x$, また，$n! = 1 \cdot 2 \cdots \cdot n$ であったから，次のようになる．

$$\log \frac{n!}{\sqrt{n}\,n^n e^{-n}} = \log n! - \log n^{n+\frac{1}{2}} e^{-n}$$

$$= \log n! - \left\{ \left(n + \frac{1}{2}\right) \log n - n \right\}$$

$$= \log n! - \left(n + \frac{1}{2}\right) \log n + n$$

これを d_n とおくと，$\lim_{n \to \infty} d_n = \log \sqrt{2\pi}$ を証明すればよいことになる．d_n が収束して，極限が $\log \sqrt{2\pi}$ であることを示すのであるが，はじめに，$d_n - d_{n+1}$ を変形していく．

$$d_n - d_{n+1} = \left[\left\{ \log n! - \left(n + \frac{1}{2}\right) \right\} \log n + n \right]$$

$$- \left[\left\{ \log(n+1)! - \left(n + 1 + \frac{1}{2}\right) \right\} \log(n+1) + n + 1 \right]$$

$$= -\log(n+1) - \left(n + \frac{1}{2}\right) \log n + \left(n + \frac{3}{2}\right) \log(n+1) - 1$$

$$= \left(n + \frac{1}{2}\right) \log(n+1) - \left(n + \frac{1}{2}\right) \log n - 1$$

$$= \left(n + \frac{1}{2}\right) \log \frac{n+1}{n} - 1$$

ここで，ちょっと技巧的だが，$2n + 1$ でまとめて次のように変形する．

$$d_n - d_{n+1} = \left(\frac{2n+1}{2}\right) \log \frac{2n+2}{2n} - 1$$

$$= \left(\frac{2n+1}{2}\right) \log \frac{(2n+1)+1}{(2n+1)-1} - 1$$

$$= (2n+1) \times \frac{1}{2} \log \frac{1 + \dfrac{1}{2n+1}}{1 - \dfrac{1}{2n+1}}$$

このように変形したのは，テイラー展開を使うためで，例えば $\log(1 + t)$ は，次のように展開できた．

$$\log(1 + t) = t - \frac{t^2}{2} + \frac{t^3}{3} - \frac{t^4}{4} + \cdots$$

ここで，t の代わりに $-t$ とすると次のようになる．

A.4 スターリングの公式

$$\log(1 - t) = -t - \frac{t^2}{2} - \frac{t^3}{3} - \frac{t^4}{4} - \cdots$$

$$\log\frac{1}{1-t} = 0 - \log(1 - t) = t + \frac{t^2}{2} + \frac{t^3}{3} + \frac{t^4}{4} + \cdots$$

$\log(1 + t)$ と $\log\dfrac{1}{1-t}$ のテイラー展開を足して 2 で割る（相加平均を求める）と次のようになる.

$$\frac{1}{2}\log\frac{1+t}{1-t} = t + \frac{1}{3}t^3 + \frac{1}{5}t^5 + \cdots$$

$$\frac{1}{t} \times \frac{1}{2}\log\frac{1+t}{1-t} = 1 + \frac{1}{3}t^2 + \frac{1}{5}t^4 + \cdots$$

ここで, $t = \dfrac{1}{2n+1}$ とおいて n の式に戻すと,

$$d_n - d_{n+1} = \frac{1}{3(2n+1)^2} + \frac{1}{5(2n+1)^4} + \cdots$$

$$< \frac{1}{3}\left\{\frac{1}{(2n+1)^2} + \frac{1}{(2n+1)^4} + \cdots\right\}$$

となり, $d_n - d_{n+1} > 0$ であることがわかるので $d_{n+1} < d_n$ となり, 数列 d_n は減少数列であることがわかる.

また, ここで無限等比級数の公式 $a + ar + ar^2 + \cdots = \dfrac{a}{1-r}$ $\left(a = \dfrac{1}{(2n+1)^2},\right.$ $r = \dfrac{1}{(2n+1)^2}\right)$ を用いると, 次のようになる.

$$0 < d_n - d_{n+1} < \frac{1}{3} \times \frac{\dfrac{1}{(2n+1)^2}}{1 - \dfrac{1}{(2n+1)^2}}$$

$$= \frac{1}{3} \times \frac{1}{(2n+1)^2 - 1} = \frac{1}{3} \times \left(\frac{1}{4n} - \frac{1}{4(n+1)}\right)$$

$$= \frac{1}{12n} - \frac{1}{12(n+1)}$$

この不等式から $d_n - d_{n+1} < \dfrac{1}{12n}$ がわかるので $d_{n+1} > d_n - \dfrac{1}{12n}$ となり, 数列 d_n は減少数列であることから, $d_n > d_1 - \dfrac{1}{12} = 1 - \dfrac{1}{12} = \dfrac{11}{12}$ が成り立つ.

以上から, 数列 d_n は減少数列であり, しかも下に有界であることがわかる. このような数列は収束する.

この極限を C とおくと,

$$\lim_{n\to\infty} d_n = C$$

つまり, 次のことがわかったわけである.

$$\lim_{n\to\infty} \log\frac{n!}{\sqrt{n}\,n^n e^{-n}} = C \iff \lim_{n\to\infty} \frac{n!}{\sqrt{n}\,n^n e^{-n}} = e^C$$

$$\iff \lim_{n\to\infty} \frac{n!}{\sqrt{n}\,n^n e^{-n} e^C} = 1$$

$$\therefore \quad n! \sim \sqrt{n}\, n^n e^{-n} e^C \qquad \boxed{\text{証明途中}}$$

そこで，次に $e^C = \sqrt{2\pi}$ を示せばいいのであるが，そのためには，次のような「ウォリスの公式」が必要になってくる．

A.5 ウォリスの公式

ウォリスの公式は

$$\lim_{n \to \infty} \frac{2^{2n}(n!)^2}{\sqrt{n}\,(2n)!} = \sqrt{\pi} \qquad (\text{A}.3)$$

というものであるが，${}_{2n}C_n = \dfrac{(2n)!}{n! \cdot n!}$ なので，次のようにも表せる．

$${}_{2n}C_n \left(\frac{1}{2}\right)^{2n} \sim \frac{1}{\sqrt{n\pi}}$$

三角関数の定積分

$$S_n = \int_0^{\frac{\pi}{2}} \sin^n x \, dx$$

は，

$$S_n = \frac{2n-1}{2n} \cdot \frac{2n-3}{2n-2} \cdots \cdots \frac{3}{4} \cdot \frac{1}{2} \cdot \frac{\pi}{2}$$

$$S_{n+1} = \frac{2n}{2n+1} \cdot \frac{2n-2}{2n-1} \cdots \cdots \frac{4}{5} \cdot \frac{2}{3}$$

のように表されるので，この2つを掛け合わせると，

$$S_{2n}S_{2n+1} = \frac{\pi}{2(2n+1)}$$

となり，さらに次のように変形できる．

$$S_{2n+1}\sqrt{\frac{S_{2n}}{S_{2n+1}}} = \sqrt{\frac{\pi}{4n+2}}$$

$$\sqrt{n}\, S_{2n+1}\sqrt{\frac{S_{2n}}{S_{2n+1}}} = \sqrt{n}\sqrt{\frac{\pi}{4n+2}} = \sqrt{\frac{\pi}{4+\dfrac{2}{n}}}$$

ところで，$0 < x < \dfrac{\pi}{2}$ の範囲では $0 < \sin x < 1$ であるから，$0 < \sin^{2n+1} x < \sin^{2n} x < \sin^{2n-1} x$ となり，

$$0 < S_{2n+1} < S_{2n} < S_{2n-1}$$

A.5 ウォリスの公式　　　　　　181

となる.

S_{2n+1} で割ると,

$$1 < \frac{S_{2n}}{S_{2n+1}} < \frac{S_{2n-1}}{S_{2n+1}} = \frac{2n+1}{2n}$$

となり, 最後の等式は S_{2n+1} の展開式から

$$\lim_{n \to \infty} \frac{2n+1}{2n} = \lim_{n \to \infty} \left(1 + \frac{1}{2n}\right) = 1$$

であるから,

$$\lim_{n \to \infty} \frac{S_{2n}}{S_{2n+1}} = 1$$

となる. したがって, 次の極限の式が成り立つ.

$$\lim_{n \to \infty} \sqrt{n} S_{2n+1} \sqrt{\frac{S_{2n}}{S_{2n+1}}} = \lim_{n \to \infty} \sqrt{\frac{\pi}{4 + \dfrac{2}{n}}}$$

$$\lim_{n \to \infty} \sqrt{n} S_{2n+1} = \sqrt{\frac{\pi}{4}} = \frac{\sqrt{\pi}}{2}$$

ところで, S_{2n+1} の展開式は次のように変形できる.

$$S_{2n+1} = \frac{\{2^n n \cdot (n-1) \cdot (n-2) \cdots 2 \cdot 1\} \times \{(2n) \cdot (2n-2) \cdot (2n-4) \cdots 2\}}{(2n+1) \cdot 2n \cdot (2n-1) \cdot (2n-2) \cdots 3 \cdot 2 \cdot 1}$$

$$= \frac{(2^n n!) \times (2^n n!)}{(2n+1)!} = \frac{2^{2n}(n!)^2}{(2n+1)!}$$

以上から, 次の式が成り立つ.

$$\lim_{n \to \infty} \sqrt{n} S_{2n+1} = \lim_{n \to \infty} \sqrt{n} \times \frac{2^{2n}(n!)^2}{(2n+1)!} = \lim_{n \to \infty} \frac{1}{\dfrac{(2n+1)}{n}} \times \frac{2^{2n}(n!)^2}{\sqrt{n}\,(2n)!}$$

$$= \lim_{n \to \infty} \frac{1}{2 + \dfrac{1}{n}} \times \frac{2^{2n}(n!)^2}{\sqrt{n}\,(2n)!}$$

$$= \frac{1}{2} \times \frac{2^{2n}(n!)^2}{\sqrt{n}\,(2n)!} = \frac{\sqrt{\pi}}{2}$$

これで, 次のウォリスの公式が得られた.

$$\lim_{n \to \infty} \frac{2^{2n}(n!)^2}{\sqrt{n}\,(2n)!} = \sqrt{\pi}$$

182　　　　　　　　　　　　　　付　　録

スターリングの公式の証明の続き　スターリングの公式の証明で，次のことま
ではわかっていた．

$$n! \sim n^n \sqrt{n} e^{-n} e^C$$

これを，ウォリスの公式に代入すると

$$\frac{2^{2n}(n^n\sqrt{n}e^{-n}e^C)^2}{\sqrt{n}\left((2n)^{2n}\sqrt{2n}e^{-2n}e^C\right)} \sim \sqrt{\pi} \iff \frac{2^{2n}(n^{2n}ne^{-2n}e^{2C})}{\sqrt{n}\left(2^{2n}n^{2n}\sqrt{2n}e^{-2n}e^C\right)} \sim \sqrt{\pi}$$

となり，約分して整理すると，$\frac{1}{\sqrt{2}}e^C \sim \sqrt{\pi}$ が得られる．つまり，$e^C = \sqrt{2\pi}$ がわ
かる．

　これで，スターリングの公式

$$n! \sim \sqrt{2\pi n}\, n^n e^{-n}$$

の証明ができた．　　　　　　　　　　　　　　　　　　　　　　　　　　　　　終

A.6　大数の強法則の定理の初等的証明

　ここで紹介する証明は，中島真澄氏による「大数の強法則の初等的証明」* を補
足したものである．

大数の強法則

　大数の強法則とは，次のようなものであった．

　$X_1, X_2, \cdots$ は，互いに無相関 $E(X_i X_j) = E(X_i)\,E(X_j)\ (i \neq j)$ な確率変数とす
る．一般性を失うことなく，$E(X_k) = 0$，$V(X_k) = \sigma_k \leq \sigma\ (k = 1, 2, \cdots)$ とする．
このとき，$S_n = X_1 + X_2 + \cdots + X_n$ とおくと，次の式が成り立つ．

$$P\left(\lim_{n\to\infty}\frac{S_n}{n} = 0\right) = 1$$

証明　次のような式変形が行える．

$$E\left(\sum_{n=1}^{\infty}\left(\frac{S_n^2}{n^2}\right)^2\right) = E\left(\sum_{n=1}^{\infty}\frac{1}{n^4}S_{n^2}^2\right) = \sum_{n=1}^{\infty}\frac{1}{n^4}\,E(S_{n^2}^2)$$

ここで，2 番目の $\sum$ と E を交換できているのは，収束している正の項について，
和と期待値の計算を交換することができることによる．

　さらに，$E(S_{n^2}^2)$ については，

$$E(S_{n^2}^2) = E((X_1 + X_2 + \cdots + X_{n^2})^2)$$
$$= \sum_{k=1}^{n^2}E(X_k^2) + \sum_{i\neq j}2E(X_i)\,E(X_j)$$

───────────────

＊　「鹿児島経済論集　第 45 巻　第 1 号」（2004 年 6 月）1-5 による．

A.6 大数の強法則の定理の初等的証明 183

$$= \sum_{k=1}^{n^2} E(X_k^2) = V(S_{n^2})$$

$$= \sigma_1^2 + \sigma_2^2 + \cdots + \sigma_{n^2}^2 \le n^2 \sigma^2$$

となるので，前の結果と合わせて，次の不等式が得られる．

$$E\left(\sum_{n=1}^{\infty}\left(\frac{S_{n^2}}{n^2}\right)^2\right) = \sum_{n=1}^{\infty} \frac{1}{n^4} E(S_{n^2}^2) \le \sum_{n=1}^{\infty} \frac{1}{n^4} \times n^2 \sigma^2$$

$$= \sigma^2 \sum_{n=1}^{\infty} \frac{1}{n^2} < +\infty \qquad \boxed{\text{証明途中}}$$

これより，$P\left(\sum_{n=1}^{\infty}\left(\frac{S_{n^2}}{n^2}\right)^2 < +\infty\right) = 1$ が導けるのであるが，これは次のような補題による．

補題 Z を，$P(Z \ge 0) = 1$ なる確率変数とする．このとき，次の関係が成り立つ．

$$E(Z) < +\infty \implies P(Z < +\infty) = 1$$

証明再開 この補題を用いると，$P\left(\sum_{n=1}^{\infty}\left(\frac{S_{n^2}}{n^2}\right)^2 < +\infty\right) = 1$ が示されるが，文字を変えて，$P\left(\sum_{m=1}^{\infty}\left(\frac{S_{m^2}}{m^2}\right)^2 < +\infty\right) = 1$ としておく．

また，数列の無限の和が発散しなければ，数列の各項は 0 に収束するので，次のようになる．

$$P\left(\lim_{m \to \infty}\left(\frac{S_{m^2}}{m^2}\right)^2 = 0\right) = 1$$

したがって，次の式が得られる．

$$P\left(\lim_{m \to \infty}\frac{S_{m^2}}{m^2} = 0\right) = 1$$

ここで，新しい確率変数 Y_m を次のように定める．

$$Y_m = \max_{m^2+1 \le k \le (m+1)^2} |X_{m^2+1} + X_{m^2+2} + \cdots + X_k| \ge 0$$

このとき，Y_m^2 の期待値について，次のような評価ができる．

$$E(Y_m^2) \le \sum_{k=m^2+1}^{(m+1)^2} E((X_{m^2+1} + X_{m^2+2} + \cdots + X_k)^2)$$

$$= \sum_{k=m^2+1}^{(m+1)^2} V(X_{m^2+1} + X_{m^2+2} + \cdots + X_k)$$

$$= \sum_{k=m^2+1}^{(m+1)^2} (\sigma_{m^2+1}^2 + \sigma_{m^2+2}^2 + \cdots + \sigma_k^2)$$

$$\le \sum_{k=m^2+1}^{(m+1)^2} (2m+1)\sigma^2 = (2m+1)^2\sigma^2$$

よって，次のようになる．

$$E\left(\sum_{m=1}^{\infty}\left(\frac{Y_m}{m^2}\right)\right) = \sum_{m=1}^{\infty}\left(\frac{1}{m^4} \times E(Y_m^2)\right)$$

184 付　録

$$\leq \sum_{m=1}^{\infty} \left(\frac{1}{m^4} \times (2m+1)^2 \sigma^2 \right) \leq \sum_{m=1}^{\infty} \left(\frac{1}{m^4} \times 8m^2 \sigma^2 \right)$$

$$= 8\sigma^2 \sum_{m=1}^{\infty} \frac{1}{m^2} < +\infty$$

ここで，もう一度，補題を用いて，

$$P\left(\sum_{m=1}^{\infty} \left(\frac{Y_m}{m^2} \right) < +\infty \right) = 1$$

無限和が収束することから，各項は 0 に収束するので，次のようになる．

$$P\left(\lim_{m \to \infty} \frac{Y_m}{m^2} = 0 \right) = 1$$

ここで，$m^2 < n \leq (m+1)^2$ なる n をとると次のようになる．

$$\left| \frac{S_n}{n} \right| \leq \frac{|S_n|}{m^2} \leq \frac{|S_{m^2}| + Y_m}{m^2} = \left| \frac{S_{m^2}}{m^2} \right| + \frac{Y_m}{m^2}$$

したがって，前に示した，

$$P\left(\lim_{m \to \infty} \frac{S_m}{m^2} = 0 \right) = 1$$

と，

$$P\left(\lim_{m \to \infty} \frac{Y_m}{m^2} = 0 \right) = 1$$

とから，大数の強法則

$$P\left(\lim_{n \to \infty} \frac{S_n}{n} = 0 \right) = 1$$

が得られる．　　　　　　　　　　　　　　　　　　　　　　　　　　　終

A.7　補題の証明

　$P(Z \geq 0) = 1$ より，$P(Z < +\infty) = 1$ または $P(Z = \infty) = 1$，$A = \{\omega \in \Omega ; Z(\omega) = +\infty\}$ とおく，また，A の定義関数を

$$1_A = \begin{cases} 1 & (\omega \in A) \\ 0 & (\omega \notin A) \end{cases}$$

とおく．$P(Z < +\infty) = 1$ と仮定すると，$P(A) > 0$，$E(Z) \geq E(Z1_A) = (+\infty) \times P(A) = +\infty$

より，前提と矛盾する．背理法により，補題が成立する．

　ディリクレ積分 (8.12) の証明　　はじめに，次の等式を示す．

$$\int_0^\infty \frac{\sin x}{x} \, dx = \int_0^\infty \frac{\sin^2 x}{x^2} \, dx$$

　この式を示すには，左辺において，$x = 2t$ と置換積分をする（$dx = 2\,dt$ となる）．

A.7 補題の証明

$$\int_0^\infty \frac{\sin x}{x}\, dx = \int_0^\infty \frac{\sin 2t}{2t}\, 2\, dt = \int_0^\infty \frac{2\sin t \cos t}{t}\, dt$$

$$= \int_0^\infty \frac{(\sin^2 t)'}{t}\, dt = \int_0^\infty (\sin^2 t)' \cdot \frac{1}{t}\, dt$$

$$= \left[(\sin^2 t)\cdot\frac{1}{t}\right]_0^\infty - \int_0^\infty (\sin^2 t)\cdot\frac{-1}{t^2}\, dt$$

$$= 0 + \int_0^\infty \frac{(\sin^2 t)}{t^2}\, dt = \int_0^\infty \frac{\sin^2 x}{x^2}\, dx$$

途中で，部分積分の公式

$$\int_a^b \{f'(x)\cdot g(x)\}\, dx = [f(x)\cdot g(x)]_a^b - \int_a^b \{f(x)\cdot g'(x)\}\, dx$$

を用いたが，もともとの部分積分の公式は次のようなものである．

$$\int_a^b \{f(x)\cdot g(x)\}\, dx = [[f(x)\ \text{の積分}]\cdot g(x)]_a^b - \int_a^b \{[f(x)\ \text{の積分}]\cdot g'(x)\}\, dx$$

さて，ここで高等学校で学ぶ，$\cos\alpha\sin\beta$ をサインの差に変換する三角関数の公式を思い出そう．

$$2\cos\alpha\sin\beta = \sin(\alpha+\beta) - \sin(\alpha-\beta)$$

ここで，$\alpha=(2n-1)\theta$，$\beta=\theta$ とおくと次の式が成り立つ．

$$2\cos(2n-1)\theta\sin\theta = \sin\{(2n-1)\theta+\theta\} - \sin\{(2n-1)\theta-\theta\}$$

$$= \sin(2n\theta) - \sin\{2(n-1)\theta\}$$

n を 1 から N まで動かして加えると，

$$\sum_{n=1}^N 2\cos(2n-1)\theta\sin\theta = \sum_{n=1}^N [\sin 2n\theta - \sin\{2(n-1)\theta\}]$$

$$= (-0 + \sin 2\theta) + (-\sin 2\theta + \sin 4\theta) + \cdots$$

$$+ \{-\sin 2(N-1)\theta + \sin 2N\theta\}$$

$$= \sin 2N\theta$$

となり，両辺を $\sin\theta$ で割ると，次の式になる．

$$\frac{\sin 2N\theta}{\sin\theta} = 2\sum_{n=1}^N \cos(2n-1)\theta$$

この式の両辺を 2 乗してから，0 から $\frac{\pi}{2}$ まで積分した

$$\int_0^{\frac{\pi}{2}} \frac{\sin^2 2N\theta}{\sin^2\theta}\, d\theta = 4\int_0^{\frac{\pi}{2}} \left(\sum_{n=1}^N \cos\{(2n-1)\theta\}\right)^2 d\theta$$

の右辺は，次のように，異なる n に対する積分が 0 となってしまう．

$$\int_0^{\frac{\pi}{2}} 2\cos(2i-1)\theta\cdot\cos(2j-1)\theta\, d\theta = \int_0^{\frac{\pi}{2}} \{\cos 2(i+j-1)\theta + \cos 2(i-j)\theta\}\, d\theta$$

$$= \left[\frac{\sin 2(i+j-1)\theta}{2(i+j-1)}\right]_0^{\frac{\pi}{2}} + \left[\frac{\sin 2(i-j)\theta}{2(i-j)}\right]_0^{\frac{\pi}{2}}$$

$$= 0 + 0 = 0$$

なお，はじめの変形は，これも高等学校で学ぶ，コサインの積をコサインの和

に変換する次の公式を使っている．
$$2\cos\alpha\cos\beta = \cos(\alpha+\beta) + \cos(\alpha-\beta)$$

2乗を展開したとき，残るのは $\cos^2(2n-1)\theta$ の和の積分であり，これは次のように計算できる．はじめに，これも高等学校で学ぶ「半角の公式」$\cos^2\theta = \dfrac{1+\cos 2\theta}{2}$ を使う．

$$\begin{aligned}\int_0^{\frac{\pi}{2}}\cos^2(2n-1)\theta\,d\theta &= \int_0^{\frac{\pi}{2}}\frac{1+\cos 2(2n-1)\theta}{2}d\theta \\ &= \frac{1}{2}\Big[\theta + \frac{\sin 2(2n-1)\theta}{2(2n-1)}\Big]_0^{\frac{\pi}{2}} \\ &= \frac{1}{2}\Big(\frac{\pi}{2}+0\Big) \\ &= \frac{\pi}{4}\end{aligned}$$

この結果，次の式が得られる．
$$\int_0^{\frac{\pi}{2}}\frac{\sin^2 2N\theta}{\sin^2\theta}d\theta = 4\sum_{n=1}^{N}\frac{\pi}{4} = \pi N$$

最後の準備をしておこう．

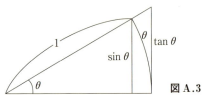

図 A.3

図 A.3 より，$0 < \theta < \dfrac{\pi}{2}$ のとき，$\sin\theta < \theta < \tan\theta$ の関係が成り立つので，2乗してから逆数をとると，次のようになる．
$$\frac{1}{\sin^2\theta} > \frac{1}{\theta^2} > \frac{1}{\tan^2\theta} = \frac{\cos^2\theta}{\sin^2\theta} = \frac{1-\sin^2\theta}{\sin^2\theta} = \frac{1}{\sin^2\theta} - 1$$
この式に $\sin^2 2N\theta$ を掛けると，
$$\frac{\sin^2 2N\theta}{\sin^2\theta} > \frac{\sin^2 2N\theta}{\theta^2} > \frac{\sin^2 2N\theta}{\sin^2\theta} - \sin^2 2N\theta$$
となるので，この式を 0 から $\dfrac{\pi}{2}$ まで積分する．
$$\int_0^{\frac{\pi}{2}}\frac{\sin^2 2N\theta}{\sin^2\theta}d\theta > \int_0^{\frac{\pi}{2}}\frac{\sin^2 2N\theta}{\theta^2}d\theta > \int_0^{\frac{\pi}{2}}\Big(\frac{\sin^2 2N\theta}{\sin^2\theta} - \sin^2 2N\theta\Big)d\theta$$
$\int_0^{\frac{\pi}{2}}\dfrac{\sin^2 2N\theta}{\sin^2\theta}d\theta = \pi N$ を代入すると，
$$\pi N > \int_0^{\frac{\pi}{2}}\frac{\sin^2 2N\theta}{\theta^2}d\theta > \pi N - \int_0^{\frac{\pi}{2}}\sin^2 2N\theta\,d\theta$$

A.7 補題の証明 187

となり，最後の積分は，半角の公式 $\sin^2\alpha = \dfrac{1-\cos 2\alpha}{2}$ を用いて次のように計算できる．

$$\int_0^{\frac{\pi}{2}} \sin^2 2N\theta\, d\theta = \frac{1}{2}\int_0^{\frac{\pi}{2}} (1-\cos 4N\theta)\, d\theta$$

$$= \frac{1}{2}\Big[\theta - \frac{\sin 4N\theta}{4N}\Big]_0^{\frac{\pi}{2}} = \frac{1}{2}\Big(\frac{\pi}{2}+0\Big)$$

$$= \frac{\pi}{4}$$

結局，次の不等式が得られる．

$$\pi N > \int_0^{\frac{\pi}{2}} \frac{\sin^2 2N\theta}{\theta^2}\, d\theta > \pi N - \frac{\pi}{4}$$

中央の積分において $2N\theta = x$ と置換した（$d\theta = \dfrac{x}{2N}\, dx$ となる）

$$\int_0^{\frac{\pi}{2}} \frac{\sin^2 2N\theta}{\theta^2}\, d\theta = \int_0^{\pi N} \frac{\sin^2 x}{\dfrac{x^2}{4N^2}}\frac{dx}{2N} = 2N\int_0^{\pi N} \frac{\sin^2 x}{x^2}\, dx$$

を上の不等式に戻し，全体を $2N$ で割ると，次の不等式が得られる．

$$\frac{\pi}{2} > \int_0^{\pi N} \frac{\sin^2 x}{x^2}\, dx > \frac{\pi}{2} - \frac{\pi}{8N}$$

ここで，$N \to \infty$ とすれば，

$$\int_0^\infty \frac{\sin^2 x}{x^2}\, dx = \frac{\pi}{2}$$

が得られ，結局，ディリクレ積分が得られる．

$$\int_0^\infty \frac{\sin x}{x}\, dx = \frac{\pi}{2} \qquad\qquad \boxed{終}$$

補題 8.1 の証明 はじめに，スターリングの公式の証明の途中でも出てきた，次の展開式を使う．$\log(1+t)$ は，次のように展開できた．

$$\log(1+z) = z - \frac{z^2}{2} + \frac{z^3}{3} - \frac{z^4}{4} + \cdots$$

この式で，ここでは $|z| < \dfrac{1}{2}$ として，z^2 以降をまとめる．

$$\log(1+z) = z + z^2\Big(-\frac{1}{2} + \frac{1}{3}z - \frac{1}{4}z^2 + \cdots\Big)$$

$\theta = \Big(-\dfrac{1}{2} + \dfrac{1}{3}z - \dfrac{1}{4}z^2 + \cdots\Big)$ とおくと，$|\theta| < 1$ であることが，次のようにしてわかる．

$$|\theta| \leq \frac{1}{2}\sum_{k=0}^\infty |z|^k \leq \frac{1}{2}\sum_{k=0}^\infty \Big(\frac{1}{2}\Big)^k = \frac{1}{2}\times\frac{1}{1-\dfrac{1}{2}} = 1$$

以上をまとめると，複素数 z に対して，$|\theta| < 1$ なる複素数 θ があって，次のように表せる．

$$\log(1+z) = z + \theta z^2 \qquad \left(|z| < \frac{1}{2}\right)$$

$\left(1 + \dfrac{\alpha_n}{n}\right)$ は対数の定義から $A = e^{\log_e A}$ であるから，$A = \left(1 + \dfrac{\alpha_n}{n}\right)$ として，次のように変形できる．

$\lim\limits_{n\to\infty} \dfrac{\alpha_n}{n} = 0$ であるから，$n \to \infty$ のとき，十分大きな n に対しては $\left|\dfrac{\alpha_n}{n}\right| < \dfrac{1}{2}$ としてよいので，$\log(1+z) = z + \theta z^2$ が使えて，

$$\left(1 + \frac{\alpha_n}{n}\right) = e^{\log_e\left(1 + \frac{\alpha_n}{n}\right)}$$

$$\left(1 + \frac{\alpha_n}{n}\right)^n = e^{n\log_e\left(1 + \frac{\alpha_n}{n}\right)} = e^{n\left(\frac{\alpha_n}{n} + \theta\frac{\alpha_n^2}{n^2}\right)} = e^{\alpha_n + \theta\frac{\alpha^2}{n}}$$

となり，$\lim\limits_{n\to\infty}\left(\alpha_n + \theta\dfrac{\alpha_n^2}{n}\right) = e^{\alpha}$ が得られるので，補題

$$\lim_{n\to\infty}\left(1 + \frac{\alpha_n}{n}\right) = e^{\alpha}$$

が示された． ◻終

演習問題の解答

第 1 章

[問題 1.1]
$A \cap B = \{x \mid 4 < x < 5\}$, $\quad A \cup B = \{0 < x < 8\}$, $\quad A - B = \{4 \leq x < 5\}$
$B - A = \{x \mid 5 \leq x < 8\}$, $\quad A^c = \{x \mid 5 \leq x < 10\}$

[問題 1.2]
$A \cap B = \{⚃\}$, $\quad A \cup B = \{⚀, ⚁, ⚂, ⚃, ⚄\}$, $\quad A - B = \{⚀, ⚁, ⚂\}$,
$B - A = \{⚄\}$ $\quad A^c = \{⚄, ⚅\}$, $\quad B^c = \{⚀, ⚂, ⚅\}$

[問題 1.3]
(1) $P(A^c) = 1 - P(A) = 1 - 0.6 = 0.4$
$P(B^c) = 1 - P(B) = 1 - 0.8 = 0.2$

(2) $P(A \cup B) = P(A) + P(B) - P(A \cap B) = 0.6 + 0.8 - 0.5 = 0.9$

(3) $P(A \cap B) = P(A) + P(B) - P(A \cup B) = 0.6 + 0.8 - 0.95 = 0.45$

[問題 1.4]
(1) $P(A \cup B \cup C) = P(A) + P(B) + P(C)$
$- P(A \cap B) - P(B \cap C) - P(C \cap A)$
$+ P(A \cap B \cap C)$

(2) $P(A \cap B \cap C) = P(A \cup B \cup C) - P(A) - P(B) - P(C)$
$+ P(A \cap B) + P(B \cap C) + P(C \cap A)$

[問題 1.5]

面の数字	1	2	3	4
確　率	0.25	0.25	0.25	0.25

[問題 1.6]
(1) 密度関数のグラフは次頁の図のようになる.

(2) 全確率は 1 であり, y 軸に対して左右対称であるから,
$P([-1, 0]) = 0.5$, $\quad P([0, 1]) = 0.5$, $\quad P([-1, 1]) = 1$

(3) $P([0, 0.2]) = \int_0^{0.2} \left(-\frac{3}{4}x^2 + \frac{3}{4}\right) dx = \left[-\frac{1}{4}x^2 + \frac{3}{4}x\right]_0^{0.2} = 0.148$

$P[0.2, 0.5]) = \int_{0.2}^{0.5} \left(-\frac{3}{4}x^2 + \frac{3}{4}\right) dx = \left[-\frac{1}{4}x^2 + \frac{3}{4}x\right]_{0.2}^{0.5} = 0.19575$

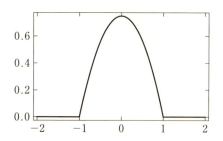

[問題 1.7]

（1） $P_A(B) = \dfrac{P(A \cap B)}{P(A)} = \dfrac{0.2}{0.5} = 0.4$

（2） $P(A \cap B) = P(A)P_A(B) = 0.7 \times 0.3 = 0.21$

[問題 1.8]

カードを3枚用意する．(a, a, b) からランダムに1枚を選び，a だったら，
$$A : 1, 1, 1, 1, 1, 0, 0$$
から1つを選び，$(a, 1)$ などと記録する．b だったら，
$$B : 1, 1, 1, 0, 0, 0, 0$$
から1つを選び，$(b, 0)$ などと記録する．

この操作を 100 回繰り返し，c, d, e, f の値を求めると，結果は，例えば次のようになる．
$$\{0.43, 0.69, 0.623188, 0.43\}$$

（1） $n = 100$ としたところを，$n = 1000$ とするだけであるから，結果は，例えば次のようになる．
$$\{0.482, 0.667, 0.722639, 0.482\}$$

（2） $n = 100$ としたところを，$n = 10000$ とするだけであるから，結果は，例えば次のようになる．
$$\{0.4725, 0.6666, 0.708821, 0.4725\}$$

（3） $n = 100$ としたところを，$n = 100000$ とするだけであるから，結果は，例えば次のようになる．
$$\{0.47681, 0.66703, 0.714825, 0.47681\}$$

（4） 結果を表にまとめると次のようになる．

試行の回数	a	b	c	f
100	0.43	0.69	0.623188	0.43
1000	0.482	0.667	0.722639	0.482
10000	0.4725	0.6666	0.708821	0.4725
100000	0.47681	0.66703	0.714825	0.47681

第 1 章   *191*

　簡単にわかるのは，b で，袋 A が選ばれる相対頻度は，回数が増えれば次第に A が選ばれる確率 $\dfrac{2}{3} = 0.666\cdots$ に近くなっていく．

　（5）　c は，「袋 A が選ばれたとき，赤玉がとり出される相対頻度」であるが，回数が増えていけば，「袋 A が選ばれたとき，赤玉がとり出される確率 $\dfrac{5}{7} = 0.714286$ に近くなっていくことがわかる．

　また，回数に関係なく，$f = b \times c$ となることは次の式からわかる（回数を一般に n とする）．

$$f = 「A\text{ かつ赤の相対頻度}」 = \frac{「A\text{ かつ赤の回数}」}{n}$$

$$= \frac{「A\text{ の回数}」}{n} \times \frac{「A\text{ かつ赤の回数}」}{「A\text{ の回数}」}$$

$$= 「A\text{ の相対頻度}」 \times 「A\text{ が選ばれた中での赤の相対頻度}」$$

[**問題 1.9**]

（1）　$P(黒) = \dfrac{3}{10}, \qquad P(白) = \dfrac{7}{10}$

（2）　$P_黒(黒) = \dfrac{3}{10}, \qquad P_黒(白) = \dfrac{7}{10}, \qquad P_白(黒) = \dfrac{3}{10}, \qquad P_白(白) = \dfrac{7}{10}$

（3）　$P(黒 \cap 黒) = \dfrac{3}{10} \times \dfrac{3}{10} = \dfrac{9}{100}, \qquad P(黒 \cap 白) = \dfrac{3}{10} \times \dfrac{7}{10} = \dfrac{21}{100}$

$\qquad\quad P(白 \cap 黒) = \dfrac{7}{10} \times \dfrac{3}{10} = \dfrac{21}{100}, \qquad P(白 \cap 白) = \dfrac{7}{10} \times \dfrac{7}{10} = \dfrac{49}{100}$

[**問題 1.10**]

（1）　$P_X(B) = \dfrac{P(B) \times P_B(X)}{P(B) \times P_B(X) + P(A) \times P_A(X)}$

$\qquad\qquad = \dfrac{\dfrac{1}{3} \times \dfrac{3}{8}}{\dfrac{1}{3} \times \dfrac{3}{8} + \dfrac{2}{3} \times \dfrac{2}{3}} = \dfrac{9}{41}$

（2）　$P_Y(A) = \dfrac{P(A) \times P_A(Y)}{P(A) \times P_A(Y) + P(B) \times P_B(Y)}$

$\qquad\qquad = \dfrac{\dfrac{2}{3} \times \dfrac{1}{3}}{\dfrac{2}{3} \times \dfrac{1}{3} + \dfrac{1}{3} \times \dfrac{5}{8}} = \dfrac{16}{31}$

（3）　$P_Y(B) = \dfrac{P(B) \times P_B(Y)}{P(B) \times P_B(Y) + P(A) \times P_A(Y)}$

$\qquad\qquad = \dfrac{\dfrac{1}{3} \times \dfrac{5}{8}}{\dfrac{1}{3} \times \dfrac{5}{8} + \dfrac{2}{3} \times \dfrac{1}{3}} = \dfrac{15}{31}$

192 　　　　　　　　　演習問題の解答

[問題 1.11]

（1）　$P_A(与党) = \dfrac{P(与党) \times P_{与党}(A)}{P(与党) \times P_{与党}(A) + P(野党) \times P_{野党}(A)}$

　　　　　　　　$= \dfrac{0.6 \times 0.8}{0.6 \times 0.8 + 0.4 \times 0.4} = 0.75$

　　　$P_A(野党) = \dfrac{P(野党) \times P_{野党}(A)}{P(野党) \times P_{野党}(A) + P(与党) \times P_{与党}(A)}$

　　　　　　　　$= \dfrac{0.4 \times 0.4}{0.4 \times 0.4 + 0.6 \times 0.8} = 0.25$

（2）　$P_{\overline{A}}(与党) = \dfrac{P(与党) \times P_{与党}(\overline{A})}{P(与党) \times P_{与党}(\overline{A}) + P(野党) \times P_{野党}(\overline{A})}$

　　　　　　　　$= \dfrac{0.6 \times 0.2}{0.6 \times 0.2 + 0.4 \times 0.6} = 0.3333$

　　　$P_{\overline{A}}(野党) = \dfrac{P(野党) \times P_{野党}(\overline{A})}{P(野党) \times P_{野党}(\overline{A}) + P(与党) \times P_{与党}(\overline{A})}$

　　　　　　　　$= \dfrac{0.4 \times 0.6}{0.4 \times 0.6 + 0.6 \times 0.2} = 0.6667$

第 2 章

[問題 2.1]

（1）

X ＼ Y	10	20	30	$P_Y(y)$
1	$\dfrac{1}{6}$	$\dfrac{1}{6}$	$\dfrac{1}{6}$	$\dfrac{3}{6}$
2	$\dfrac{1}{6}$	$\dfrac{1}{6}$	0	$\dfrac{2}{6}$
3	0	0	$\dfrac{1}{6}$	$\dfrac{1}{6}$
$P_X(x)$	$\dfrac{2}{6}$	$\dfrac{2}{6}$	$\dfrac{2}{6}$	

（2）　$P_X(10) = \dfrac{2}{6} = \dfrac{1}{3}, \qquad P_X(20) = \dfrac{2}{6} = \dfrac{1}{3}, \qquad P_X(30) = \dfrac{2}{6} = \dfrac{1}{3}$

　　　$P_Y(1) = \dfrac{3}{6} = \dfrac{1}{2}, \qquad P_Y(2) = \dfrac{2}{6} = \dfrac{1}{3}, \qquad P_Y(3) = \dfrac{1}{6}$

第 2 章　　　　　　　　　　　　　*193*

[**問題 2.2**]

(1)　$P_X(0) = 0.3,$　　　$P_X(1) = 0.1$

　　　$P_X(2) = 0.1,$　　　$P_X(3) = 0.5$

(2)　$P_Y(10) = 0.2,$　　　$P_Y(20) = 0.3$

　　　$P_Y(30) = 0.3,$　　　$P_Y(40) = 0.2$

[**問題 2.3**]

(1)　$\displaystyle \int_{-\infty}^{\infty}\int_{-\infty}^{\infty} f_{X,Y}(x,y)\, dx\, dy = \int_{0}^{1}\left\{\int_{0}^{1}(5-4x-4y)\,dx\right\}dy$

$$= \int_{0}^{1}[5x - 2x^2 - 4yx]_{0}^{1}\,dy = \int_{0}^{1}(5-2-4y)\,dy$$

$$= [3y - 2y^2]_{0}^{1} = 3 - 2 = 1$$

(2)　X の周辺密度関数 $f_X(x)$ は次のようになる.

はじめに,　$0 \le x \le 1$ のとき,

$$f_X(x) = \int_{-\infty}^{\infty} f_{X,Y}(x,y)\,dy = \int_{0}^{1}(5-4x-4y)\,dy$$

$$= [5y - 4xy - 2y^2]_{0}^{1} = 5 - 4x - 2 - 0 = 3 - 4x$$

$x < 0$ または $x > 1$ のときは,　$f_{X,Y}(x,y) = 0$ なので,

$$f_X(x) = \int_{-\infty}^{\infty} f_{X,Y}(x,y)\,dy = \int_{0}^{1} 0\,dy = 0$$

まとめて,　次のようになる.

$$f_X(x) = \left\{ \begin{array}{ll} 3 - 4x & (0 \le x \le 1\text{ のとき}) \\ 0 & (x < 0\text{ または }x > 1\text{ のとき}) \end{array} \right.$$

Y の周辺密度関数 $f_Y(x)$ は次のようになる.

はじめに,　$0 \le y \le 1$ のとき,

$$f_X(x) = \int_{-\infty}^{\infty} f_{X,Y}(x,y)\,dx = \int_{0}^{1}(5-4x-4y)\,dx$$

$$= [5x - 2x^2 - 4yx]_{0}^{1} = 5 - 2 - 4y = 3 - 4y$$

$y < 0$ または $y > 1$ のときは,　$f_{X,Y}(x,y) = 0$ なので,

$$f_Y(x) = \int_{-\infty}^{\infty} f_{X,Y}(x,y)\,dx = \int_{0}^{1} 0\,dx = 0$$

まとめて,　次のようになる.

$$f_Y(y) = \left\{ \begin{array}{ll} 3 - 4y & (0 \le y \le 1\text{ のとき}) \\ 0 & (y < 0\text{ または }y > 1\text{ のとき}) \end{array} \right.$$

[**問題 2.4**]

$$F(x) = \left\{ \begin{array}{ll} 0 & (x < 10) \\ 0.1 & (10 \le x < 20) \\ 0.6 & (20 \le x < 60) \\ 0.7 & (60 \le x < 70) \\ 1 & (70 \le x) \end{array} \right.$$

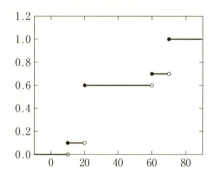

分布関数のグラフは図のようになる．

[**問題 2.5**]

$$F(x) = \begin{cases} 0 & (x < 0) \\ \dfrac{1}{5}x & (0 \leq x < 1) \\ \dfrac{1}{10} + \dfrac{x^2}{10} & (1 \leq x < 2) \\ -\dfrac{7}{10} + \dfrac{4x}{5} - \dfrac{x^2}{10} & (2 \leq x < 3) \\ \dfrac{1}{5} + \dfrac{1}{5}x & (3 \leq x < 4) \\ 1 & (4 \leq x) \end{cases}$$

分布関数のグラフは図のようになる．

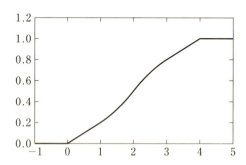

第 3 章

第 3 章

[**問題 3.1**]
$$E(X) = 100 \cdot \frac{1}{6} + 200 \cdot \frac{1}{6} + 300 \cdot \frac{1}{6} + 400 \cdot \frac{1}{6} + 500 \cdot \frac{1}{6} + 600 \cdot \frac{1}{6} = 350$$

[**問題 3.2**]
$$E(X) = \int_{-\infty}^{\infty} x f(x)\, dx$$
$$= \int_{-\infty}^{0} 0x\, dx + \int_{0}^{1} \frac{1}{5} x\, dx + \int_{1}^{2} \frac{1}{5} xx\, dx + \int_{2}^{3} \left(\frac{4}{5} - \frac{1}{5} x \right) x\, dx$$
$$+ \int_{3}^{5} \left(\frac{1}{2} - \frac{1}{10} x \right) x\, dx + \int_{5}^{\infty} 0\, dx$$
$$= 0 + \frac{1}{10} + \frac{7}{15} + \frac{11}{15} + \frac{11}{15} = \frac{61}{30} \fallingdotseq 2.033$$

[**問題 3.3**]
（1） X の期待値は,
$$E(X) = 10000 \times 0.3 + 20000 \times 0.3 + 30000 \times 0.2 + 40000 \times 0.1 + 50000 \times 0.1$$
$$= 24000$$
Y の期待値は,
$$E(Y) = 10000 \times 0.5 + 20000 \times 0.3 + 30000 \times 0.1 + 40000 \times 0.05 + 50000 \times 0.05$$
$$= 18500$$
で判断すると，商店街 A のくじを引く方が得であることがわかる.

（2） 商店街 A のくじ 1 枚と，商店街 B のくじ 1 枚をもっている人は，両方使うと，期待値は $E(X + Y) = E(X) + E(Y) = 24000 + 18500 = 42500$ 円になる.

（3） 商店街 A のくじを 3 枚もっている人の，3 枚合わせたくじの当選金額の期待値は $E(3X) = 3E(X) = 3 \times 24000 = 72000$.

[**問題 3.4**]
$$E(X + Y) = E(X) + E(Y) = 40 + 55 = 95$$

[**問題 3.5**]
$$E(X) = 1 \times 0.2 + 2 \times 0.25 + 3 \times 0.1 + 4 \times 0.1 + 5 \times 0.25 + 6 \times 0.1$$
$$= 3.25$$
$$E(Y) = 0 \times 0.1 + 10 \times 0.2 + 20 \times 0.3 + 30 \times 0.2 + 40 \times 0.1 + 50 \times 0.1$$
$$= 23$$
$$E(X \times Y) = E(X) \times E(Y) = 3.25 \times 23 = 74.75$$

196 演習問題の解答

[**問題 3.6**]

（1）　$E(X) = 10 \times \dfrac{2}{10} + 20 \times \dfrac{3}{10} + 30 \times \dfrac{4}{10} + 40 \times \dfrac{1}{10}$

$\qquad\qquad = 24$

（2）　$V(X) = (10 - 24)^2 \times \dfrac{2}{10} + (20 - 24)^2 \times \dfrac{3}{10} + (30 - 24)^2 \times \dfrac{4}{10}$

$\qquad\qquad\qquad\qquad\qquad + (40 - 24)^2 \times \dfrac{1}{10}$

$\qquad\qquad = 84$

（3）　$\sigma(X) = \sqrt{V(X)} = \sqrt{84} \fallingdotseq 9.16515$

[**問題 3.7**]

（1）　例えば，次のような結果が得られる．

20, 50, 30, 30, 20, 40, 40, 40, 50, 50, 60, 40, 40, 30, 60, 10, 20, 60, 30, 60, 50,
40, 20, 20, 40, 20, 50, 60, 40, 60, 40, 60, 30, 60, 10, 10, 30, 50, 40, 40, 40, 50,
50, 20, 10, 40, 40, 30, 30, 30, 50, 40, 20, 50, 20, 50, 50, 40, 50, 30, 30, 30, 20,
10, 30, 10, 50, 20, 30, 60, 40, 60, 40, 50, 30, 50, 50, 20, 20, 10, 30, 50, 10, 50,
50, 10, 60, 10, 40, 10, 10, 40, 20, 60, 20, 50, 60, 40, 50, 50

（2）　このデータの平均値と分散と標準偏差は次のようになる．

　　平均値 $m = 36.7$,　　分散 $v = 248.11$,　　標準偏差 $\sigma = \sqrt{v} = 15.7515$

（3）　結果を，わかりやすいように表で表しておく．

投げる回数	平均値	分散	標準偏差
1000	35.03	274.799	16.5771
10000	34.814	293.245	17.1244
100000	34.9694	291.931	17.086

（4）　（3）の結果に理論値を加えて表す．

投げる回数	平均値	分散	標準偏差
1000	35.03	274.799	16.5771
10000	34.814	293.245	17.1244
100000	34.9694	291.931	17.086
理論値	35	291.667	17.0783

（5）　この結果からわかることは，「サイコロを投げる回数を増やしていくと，投げた結果のデータの平均値と分散と標準偏差は，次第に，理論的な計算で求めた期待値と分散と標準偏差に近づいていく」ということである．

第 3 章 197

[問題3.8]

（1） 表の値をそのまま読みとればよい．表の左端の列から1.5をみつけ，上の段で0.03のところを探せばよい．$P(0 \leq X \leq 1.53) = 0.4369$．

（2） 2.35までの確率から1.19までの確率を引けばよい．

$P(1.19 \leq X \leq 2.35) = P(0 \leq X \leq 2.35) - P(0 \leq X \leq 1.19) = 0.4906 - 0.3829 = 0.1077$．

（3） 標準正規分布は$x = 0$で左右対称なので，$P(-1.63 \leq X \leq 0) = P(0 \leq X \leq 1.63) = 0.4484$となる．負の部分と正の部分を足せばよいので，$P(-1.63 \leq X \leq 1.41) = P(0 \leq X \leq 1.63) + P(0 \leq X \leq 1.41) = 0.4484 + 0.4207 = 0.8691$となる．

（4） 全確率は1で左右対称であるから正の部分の確率は0.5であり，0.5から1.59までの確率を引けばよい．$P(X \geq 1.59) = 0.5 - P(0 \leq X \leq 1.59) = 0.5 - 0.444 = 0.056$となる．

（5） 負の部分の確率が0.5であり，これに$P(0 \leq X \leq 1.05)$を加えればよい．$0.5 + 0.3531 = 0.8531$となる．

[問題3.9]

（1） 例えば，次のようなデータが得られる．

50, 47, 80, 54, 55, 70, 33, 60, 55, 73, 47, 54, 68, 81, 52, 40, 56, 59, 68, 37, 71, 48, 65, 74, 76, 61, 59, 63, 63, 35, 82, 66, 71, 57, 68, 69, 65, 69, 83, 76, 84, 28, 96, 37, 83, 50, 67, 67, 47, 59, 47, 70, 58, 44, 59, 74, 59, 37, 62, 49, 55, 68, 40, 88, 86, 45, 62, 33, 45, 68, 48, 42, 48, 41, 59, 36, 58, 73, 44, 46, 65, 50, 44, 65, 87, 51, 42, 62, 47, 59, 65, 54, 63, 68, 65, 81, 60, 68, 40, 80

この（1）のデータの平均値は，59.38となる．

（2） （1）のデータの分散は208.236，標準偏差は14.4304となる．

（3） 結果を，わかりやすいように表にまとめると次のようになる．

データの個数	平均値	分散	標準偏差
1000	59.98	225.827	15.0275
10000	60.2254	221.97	14.8987
100000	60.044	225.036	15.0012

（4） 理論値を付け加えると次頁の表のようになる．

この結果からわかることは，「正規分布からとり出すデータ数を増やしていくと，とり出したデータの平均値と分散と標準偏差は，次第に，正規分布の期待値と分散と標準偏差に近づいていく」ということである．

データの個数	平均値	分散	標準偏差
1000	59.98	225.827	15.0275
10000	60.2254	221.97	14.8987
100000	60.044	225.036	15.0012
理論値	60	225	15

[**問題 3.10**]　X を変換して

$$Y = \frac{X - 50}{20}$$

とおくと，Y は平均 0，標準偏差 1 の標準正規分布をする．

（1）　$50 \leq X \leq 65$ は $\frac{50 - 50}{20} \leq Y \leq \frac{65 - 50}{20}$，すなわち $0 \leq Y \leq 0.75$ となるので，標準正規分布の表から $P(0 \leq Y \leq 0.75) = 0.2733$ となる．よって，求める確率は

$$P(50 \leq X \leq 65) = 0.2733$$

となる．

（2）　$60 \leq X \leq 85$ は $\frac{60 - 50}{20} \leq Y \leq \frac{85 - 50}{20}$，すなわち $0.5 \leq Y \leq 1.75$ となるので，標準正規分布の表から $P(0 \leq Y \leq 1.75) - P(0 \leq Y \leq 0.5) = 0.4599$ $- 0.1914 = 0.2685$ となる．よって，求める確率は

$$P(60 \leq X \leq 85) = 0.2685$$

となる．

（3）　$40 \leq X \leq 85$ は $\frac{40 - 50}{20} \leq Y \leq \frac{85 - 50}{20}$，すなわち $-0.5 \leq Y \leq 1.75$ となるので，標準正規分布の表から $P(0 \leq Y \leq 0.5) + P(0 \leq Y \leq 1.75) = 0.1914$ $+ 0.4599 = 0.6513$ となる．よって，求める確率は

$$P(40 \leq X \leq 85) = 0.6513$$

となる．

（4）　$X \geq 85$ は $Y \geq \frac{85 - 50}{20}$，すなわち $Y \geq 1.75$ となるので，標準正規分布の表から $P(Y \geq 1.75) = 0.5 - P(0 \leq Y \leq 1.75) = 0.5 - 0.4599 = 0.0401$ となる．よって，求める確率は

$$P(X \geq 85) = 0.0401$$

となる．

（5）　$X \leq 85$ は $Y \leq \frac{85 - 50}{20}$，すなわち $Y \leq 1.75$ となるので，標準正規分布の表から $P(Y \leq 1.75) = P(Y \leq 0) + P(0 \leq Y \leq 1.75) = 0.5 + 0.4599 =$ 0.9599 となる．よって，求める確率は

$$P(X \leq 85) = 09599$$

となる．

第 4 章

[**問題 4.1**]

（1）　$_{10}C_6\left(\dfrac{1}{2}\right)^6 \times \left(\dfrac{1}{2}\right)^4 = 210 \times \dfrac{1}{2^{10}} = \dfrac{105}{512} = 0.205078$

（2）　$_{10}C_3\left(\dfrac{1}{2}\right)^3 \times \left(\dfrac{1}{2}\right)^7 = 120 \times \dfrac{1}{2^{10}} = \dfrac{15}{128} = 0.117188$

[**問題 4.2**]　8 問正解の確率は，

$$_{10}C_8\left(\dfrac{1}{2}\right)^8 \times \left(\dfrac{1}{2}\right)^2 = 45 \times \dfrac{1}{2^{10}} = \dfrac{45}{1024} = 0.0439453$$

9 問正解の確率は，

$$_{10}C_9\left(\dfrac{1}{2}\right)^9 \times \left(\dfrac{1}{2}\right)^1 = 10 \times \dfrac{1}{2^{10}} = \dfrac{5}{512} = 0.00976563$$

10 問正解の確率は，

$$_{10}C_{10}\left(\dfrac{1}{2}\right)^{10} \times \left(\dfrac{1}{2}\right)^0 = 1 \times \dfrac{1}{2^{10}} = \dfrac{1}{1024} = 0.000976563$$

「8 割以上正解」は，これらの和であるから，合格する確率は

$$\dfrac{45}{1024} + \dfrac{5}{512} + \dfrac{1}{1024} = \dfrac{7}{128} = 0.0546875$$

となる．

[**問題 4.3**]

（1）　$_{10}C_5\left(\dfrac{1}{4}\right)^5 \times \left(\dfrac{3}{4}\right)^5 = 252 \times \dfrac{3^5}{4^{10}} = \dfrac{15309}{262144} = 0.0583992$

（2）　6 問正解の確率は，

$$_{10}C_6\left(\dfrac{1}{4}\right)^6 \times \left(\dfrac{3}{4}\right)^4 = 210 \times \dfrac{3^4}{4^{10}} = \dfrac{8505}{524288}$$

7 問正解の確率は，

$$_{10}C_7\left(\dfrac{1}{4}\right)^7 \times \left(\dfrac{3}{4}\right)^3 = 120 \times \dfrac{3^3}{4^{10}} = \dfrac{405}{131072}$$

8 問正解の確率は，

$$_{10}C_6\left(\dfrac{1}{4}\right)^8 \times \left(\dfrac{3}{4}\right)^2 = 45 \times \dfrac{3^2}{4^{10}} = \dfrac{405}{1048576}$$

9 問正解の確率は，

$$_{10}C_9\left(\dfrac{1}{4}\right)^9 \times \left(\dfrac{3}{4}\right)^1 = 10 \times \dfrac{3}{4^{10}} = \dfrac{15}{524288}$$

10 問正解の確率は，

$$_{10}C_{16}\left(\frac{1}{4}\right)^{10} \times \left(\frac{3}{4}\right)^{0} = 1 \times \frac{1}{4^{10}} = \frac{1}{1048576}$$

「6問以上正解の確率」は,これらの和であるから,合格する確率は次のようになる.

$$\frac{8505}{524288} + \frac{405}{131072} + \frac{405}{1048576} + \frac{15}{524288} + \frac{1}{1048576} = \frac{10343}{524288} = 0.0197277$$

[問題 4.4]

$$_{5}C_{2} \times 0.2^{2} \times 0.8^{3} = 10 \times 0.2^{2} \times 0.8^{3} = 0.2048$$

第 5 章

[問題 5.1]

（1） $\{0.34, 0.31, 0.3, 0.33, 0.36, 0.24, 0.29, 0.28\}$

グラフは次のようになる.

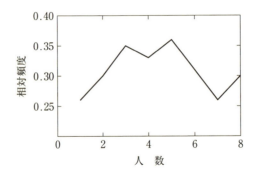

（2）（1）で，100のところを1000にするだけでよい.

$\{0.303, 0.292, 0.313, 0.311, 0.297, 0.316, 0.323, 0.288\}$

グラフは次のようになる.

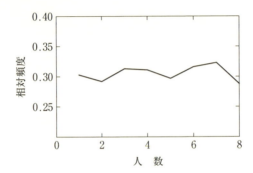

(3) (1)で，100のところを10000にするだけでよい．
{0.3036, 0.3069, 0.3026, 0.2914, 0.3058, 0.3056, 0.3048, 0.3024}
グラフは次のようになる．

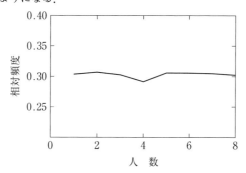

(4) 試行の回数を増やせば，8人の相対頻度は同じ値に集中してくる．

[**問題 5.2**]

(1)

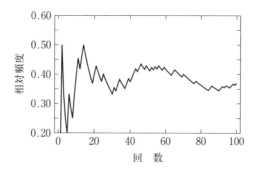

(2) (1)で100のところを1000にすれば，次のグラフが得られる．

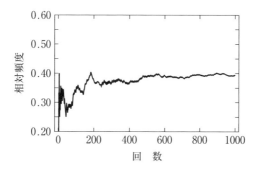

（3）（1）で100のところを10000にすれば，次のグラフが得られる．

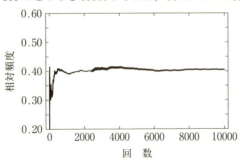

（4）次のグラフが得られる．

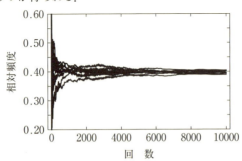

（5）試行回数を増やしていけば，Aの起きる相対頻度は5人とも0.4に近づいていくことがわかる．

第 6 章

[問題6.1]
（1）

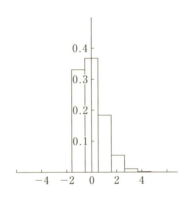

（2）（1）における 10 を 100 にして，次のグラフが得られる．

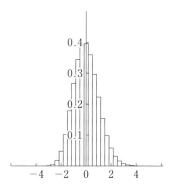

（3）（1）における 10 を 1000 にして，次のグラフが得られる．

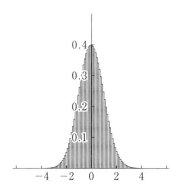

（4）標準正規分布（平均 0，標準偏差 1 の正規分布）のグラフは(a)のようになる．

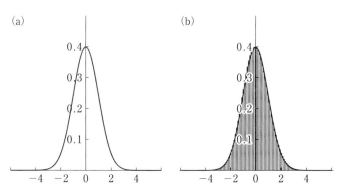

S_{1000}^* のグラフと標準正規分布のグラフを同時に描くと(b)のようになり，ほぼ一致することがわかる．

つまり，S_n^* は，n の値を大きくしていくと標準正規分布に近づいていくことがわかる．

[**問題 6.2**]　$n = 10000$, $p = 0.1$, $q = 1 - p = 0.9$, $np = 10000 \times 0.1 = 1000$, $\sqrt{npq} = \sqrt{10000 \times 0.1 \times 0.9} = 30$ であるから，(6.1) は，

$$S_n^* = \frac{S_n - 1000}{30}$$

となり，平均値 0 で，標準偏差が 30 であるが，中心極限定理から標準正規分布すると考えてよい．

$S_n \geq 1050$ は，S_n^* では $S_n^* \geq \dfrac{1050 - 1000}{30} = 1.66667$ となる．標準正規布の表から $P(0 \leq S_n^* < 1.6667) = 0.4525$ が求められ，これから $P(S_n^* \geq 1.66667) = 0.5 - 0.4515 = 0.0475$ となる．つまり，$P(S_n \geq 1050) = 0.0475$ となる．これが求める確率であった．

第 7 章

[**問題 7.1**]

（1）　本文でとり上げた例における 10 を 100 にするだけであるから

$$M_X(t) = \frac{\sum\limits_{k=1}^{6} e^{100kt}}{6}$$

となる．

（2）　k 回目に不良品が出る確率を $P(X_k = 1) = 0.1$，良品が出る確率を $P(X_k = 0) = 0.9$，$S_{10} = X_1 + X_2 + \cdots + X_{10}$ とすれば，

$$M_X(t) = e^{1 \times t} \times 0.1 + e^{0 \times t} \times 0.9 = 0.9 + 0.1e^t$$

となる．

[**問題 7.2**]　平均値が m のポアソン分布の積率母関数 $M_X(t) = e^{m(e^t - 1)}$ において，$m = 3$ とすればよいので，

$$M_X(t) = e^{3(e^t - 1)}$$

となる．

[**問題 7.3**]　平均値が m，標準偏差が σ の正規分布の積率母関数 $M_X(t) = e^{mt + \frac{\sigma^2}{2}t^2}$ において，$m = 60$，$\sigma = 20$ とすればよいので，

$$M_X(t) = e^{60t + \frac{20^2}{2}t^2} = e^{60t + 200t^2}$$

となる．

[**問題 7.4**] $t \geq \lambda$ のときは存在せず，$t < \lambda$ のときは $\frac{\lambda}{\lambda - t}$ になるという一般論で，$\lambda = 3$ とすればよいので，

$$M_X(t) = \begin{cases} \text{存在しない} & (t \geq 3 \text{ のとき}) \\ \dfrac{3}{3-t} & (t < 3 \text{ のとき}) \end{cases}$$

となる．

第 8 章

[**問題 8.1**] (8.1) より，特性関数は次のように計算できる．
$$\phi_X(t) = e^{100it} \cdot \frac{1}{6} + e^{200it} \cdot \frac{1}{6} + e^{300it} \cdot \frac{1}{6} + e^{400it} \cdot \frac{1}{6} + e^{500it} \cdot \frac{1}{6} + e^{600it} \cdot \frac{1}{6}$$

[**問題 8.2**] (8.4) より，$\phi_X(t) = \left(e^{it} \times \dfrac{1}{2} + \dfrac{1}{2}\right)^{10}$．

[**問題 8.3**] (8.4) より，$\phi_X(t) = \left(e^{it} \times \dfrac{1}{6} + \dfrac{5}{6}\right)^{20}$．

[**問題 8.4**] (8.5) より，$\mu = 3$ とおいて，$\phi_X(t) = e^{3(e^{it}-1)}$．

[**問題 8.5**] (8.7) より，$m = 50$, $v = \sigma^2 = 10^2 = 100$ を代入して，$\phi_X(t) = e^{50it - 50t^2}$ となる．

第 9 章

[**問題 9.1**] 次のようなグラフになる．

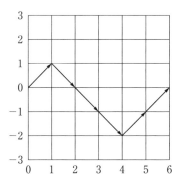

206　　　　　　　　　　　演習問題の解答

[**問題 9.2**] 「0 から出発し，$2n$ 回ではじめて原点に戻る確率」は，(9.7) より次のようであった．

$$\frac{2c_{n-1}}{2^{2n}} = \frac{_{2n-2}C_{n-1}}{n2^{2n-1}}$$

（1）　$n = 5$ として，$\frac{_{2\times5-2}C_{5-1}}{5 \times 2^{2\times5-1}} = \frac{7}{256} = 0.0273438$.

（2）　$n = 6$ として，$\frac{_{2\times6-2}C_{6-1}}{6 \times 2^{2\times6-1}} = \frac{21}{1024} = 0.0205078$.

[**問題 9.3**]　車のメーカーの推移確率行列を本文中の Q とすると，Q^2 は，次のようであった．

$$Q^2 = \begin{pmatrix} 0.39 & 0.24 & 0.18 & 0.19 \\ 0.13 & 0.31 & 0.27 & 0.29 \\ 0.14 & 0.15 & 0.53 & 0.18 \\ 0.02 & 0.14 & 0.17 & 0.67 \end{pmatrix}$$

これより，Q^3 は次のようになる．

$$Q^3 = QQ^2$$
$$= \begin{pmatrix} 0.6 & 0.2 & 0.1 & 0.1 \\ 0.1 & 0.5 & 0.2 & 0.2 \\ 0.1 & 0.1 & 0.7 & 0.1 \\ 0.0 & 0.1 & 0.1 & 0.8 \end{pmatrix}\begin{pmatrix} 0.39 & 0.24 & 0.18 & 0.19 \\ 0.13 & 0.31 & 0.27 & 0.29 \\ 0.14 & 0.15 & 0.53 & 0.18 \\ 0.02 & 0.14 & 0.17 & 0.67 \end{pmatrix}$$
$$= \begin{pmatrix} 0.276 & 0.235 & 0.232 & 0.257 \\ 0.136 & 0.237 & 0.293 & 0.334 \\ 0.152 & 0.174 & 0.433 & 0.241 \\ 0.043 & 0.158 & 0.216 & 0.583 \end{pmatrix}$$

よって，初期分布 $\mu = (0.25\ \ 0.25\ \ 0.25\ \ 0.25)$ からはじまって，3 ステップ後の確率分布は次のように計算できる．

$$\mu Q^3 = (0.25\ \ 0.25\ \ 0.25\ \ 0.25)\begin{pmatrix} 0.276 & 0.235 & 0.232 & 0.257 \\ 0.136 & 0.237 & 0.293 & 0.334 \\ 0.152 & 0.174 & 0.433 & 0.241 \\ 0.043 & 0.158 & 0.216 & 0.583 \end{pmatrix}$$
$$= (0.15175\ \ 0.201\ \ 0.2935\ \ 0.35375)$$

[**問題 9.4**]

（1）　1 から出発したパスは，2 または 3 に行き，他の点から 1 に来ることはないので，1 が消散部分である．

（2）　2 または 3 から出発したパスは，2 または 3 にしか到達しないので，$(2,3)$ はエルゴード類である．また，4 または 5 から出発したパスは，4 または 5 にしか到達しないので，$(4,5)$ もエルゴード類である．

(3) 5つの点から出発するサンプルパスは次のようになる.

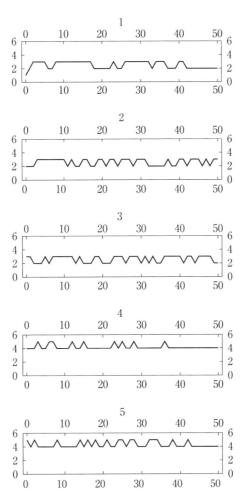

[**問題 9.5**] 求める極限分布を $\mu = (x_1 \ x_2 \ x_3)$ とおくと, $\mu Q = \mu$ より, 次の式が得られる.

$$\begin{cases} \dfrac{2}{10}x_1 + \dfrac{5}{10}x_2 + \dfrac{8}{10}x_3 = x_1 \\ \dfrac{4}{10}x_1 + \dfrac{3}{10}x_2 + \dfrac{1}{10}x_3 = x_2 \\ \dfrac{4}{10}x_1 + \dfrac{2}{10}x_2 + \dfrac{1}{10}x_3 = x_3 \end{cases}$$

もう一つ，$x_1 + x_2 + x_3 = 1$ を加えて連立方程式を解くと，

$$x_1 = 0.445255, \qquad x_2 = 0.291971, \qquad x_3 = 0.262774$$

となる．

初期分布 $\mu = \left(\dfrac{1}{3} \quad \dfrac{1}{3} \quad \dfrac{1}{3} \right)$ で，20 回のステップ後の分布は次のようになる．

$$\mu Q^{20} = (0.445255 \quad 0.291971 \quad 0.262774)$$

これより，20 回繰り返すと，ほぼ極限分布と等しくなることがわかる．

索　引

イ

イェンセンの不等式　103
1次元ボレル集合体　16
一様収束　74

エ

エルゴード的　170
エルゴード類　167
エルミート行列　133

オ

オイラーの公式　122

カ

ガウス積分　18
下極限　75
　―― 集合　104
各点収束　74
確率　8
　―― 過程　140, 158
　―― 空間　11
　―― 収束　98
　―― の劣加法性　13
　―― の連続性　13
　―― 分布　11, 33
　―― ベクトル　39
　―― 変数　31, 35
　―― 密度関数　17, 155
再帰 ――　157
条件付き ――　22
推移 ――　159

（右列）

等 ――　12
確率論　1
　―― の公理　1, 8
カタラン数　149
完全加法族（σ加法族）　11

キ

期待値　54
既約　170
逆正弦法則　155
共通部分　4
極限分布　173
局所極限定理　110

ク

空事象　10
空集合　5
偶然現象　1, 7

ケ

結合分布　39
結合（同時）累積分布関数　44
元　2

コ

誤差関数　49

サ

再帰確率　157
再帰的　151, 170, 171
サンプルパス　141

シ

事象 9
　空―― 10
　積―― 9
　余―― 9
　和―― 9
集合 2, 9
　――の差 5
　下極限―― 104
　空―― 5
　積―― 4
　全体―― 5
　2 次元ボレル―― 16
　部分―― 3
　補―― 5
　和―― 3
集合論 1
従属 1
周辺確率分布 39
周辺分布密度関数 42
上極限集合 104
条件付き確率 22
消散部分 166
状態 i の周期 171
状態空間 159, 166
乗法定理 1, 23
初期分布 160

ス

推移確率 159
　――行列 160
裾の重い分布 38

セ

正規化 108

シ

正規分布 36
　標準―― 70
正定値 134
積事象 9
積集合 4
積率母関数 112
線形性 58
全体集合 5

ソ

相対頻度 7
測度論 14, 75

タ

対称ランダムウォーク 141
大数の強法則 101
大数の弱法則 96

チ

チェビシェフの不等式 78, 96
中心極限定理 107, 109
　ド・モアブル‐ラプラスの――
　　110, 136

ト

等確率 12
同時確率密度関数 41
同時分布 39
到達可能 166
同値関係 166
同値類 167
特性関数 121, 122
独立 1, 26
　ド・モアブル‐ラプラスの中心極限定
　　理 110, 136
　ド・モルガンの法則 6

ニ

二項分布　85, 87
2次元ボレル集合　16
　── 体　16
2乗平均収束　77

ハ

バーゼル問題　104

ヒ

非再帰的　171
p次平均収束　77
非周期的　171
非復元抽出　20
標準正規分布　70
標準偏差　17, 66

フ

復元抽出　24
　非 ──　20
部分集合　3
分散　17, 66
分布関数　42
　累積 ──　31, 42

ヘ

平均　17
　── 収束　77
　── 値　54
ベイズの定理　1, 26, 29
ベータ関数　38
ベン図　3

ホ

ポアソン確率空間　15

ポアソン分布　15
補集合　5

マ

マルコフ性　158
マルコフ連鎖　140, 158

モ

モーメント母関数　112

ヤ

ヤコビアン　19

ユ

有限加法族　11

ヨ

要素　2
余事象　9

ラ

ランダムウォーク　140
　対称 ──　141

リ

離散型　14
　── 確率変数　32

ル

累積分布関数　31, 42
　結合（同時）──　44

レ

レヴィーの反転公式　135
連続型　14
　── 確率変数　33, 35

ワ

和事象　9

和集合　3

著者略歴

小林 道正(こばやし みちまさ)

1942 年 長野県生まれ.1966 年 京都大学理学部数学科卒業.1968 年 東京教育大学大学院理学研究科修士課程修了.中央大学経済学部教授を経て,現在,中央大学名誉教授.専門は確率論,数学教育.
著書:「経済・経営のための 数学教室 — 経済数学入門 —」
「経済・経営のための 統計教室 — データサイエンス入門 —」
(以上,裳華房),他

サイコロから学ぶ 確率論 — 基礎から確率過程入門へ —

2018 年 9 月 5 日　第 1 版 1 刷発行

検印省略	著 作 者	小 林 道 正
	発 行 者	吉 野 和 浩
定価はカバーに表示してあります.	発 行 所	〒102-0081東京都千代田区四番町8-1 電話　(03)3262-9166〜9 株式会社 裳 華 房
	印 刷 所	中央印刷株式会社
	製 本 所	株式会社 松 岳 社

社団法人
自然科学書協会会員

JCOPY 〈(社)出版者著作権管理機構 委託出版物〉
本書の無断複写は著作権法上での例外を除き禁じられています.複写される場合は,そのつど事前に,(社)出版者著作権管理機構 (電話03-3513-6969,FAX 03-3513-6979, e-mail: info@jcopy.or.jp) の許諾を得てください.

ISBN 978-4-7853-1577-1

ⓒ 小林道正,2018　　Printed in Japan

本質から理解する 数学的手法

荒木 修・齋藤智彦 共著　Ａ５判／210頁／定価（本体2300円＋税）

　大学理工系の初学年で学ぶ基礎数学について，「学ぶことにどんな意味があるのか」「何が重要か」「本質は何か」「何の役に立つのか」という問題意識を常に持って考えるためのヒントや解答を記した．話の流れを重視した「読み物」風のスタイルで，直感に訴えるような図や絵を多用した．
【主要目次】1．基本の「き」　2．テイラー展開　3．多変数・ベクトル関数の微分　4．線積分・面積分・体積積分　5．ベクトル場の発散と回転　6．フーリエ級数・変換とラプラス変換　7．微分方程式　8．行列と線形代数　9．群論の初歩

力学・電磁気学・熱力学のための 基礎数学

松下 貢 著　Ａ５判／242頁／定価（本体2400円＋税）

　「力学」「電磁気学」「熱力学」に共通する道具としての数学を一冊にまとめ，豊富な問題と共に，直観的な理解を目指して懇切丁寧に解説．取り上げた題材には，通常の「物理数学」の書籍では省かれることの多い「微分」と「積分」，「行列と行列式」も含めた．
【主要目次】1．微分　2．積分　3．微分方程式　4．関数の微小変化と偏微分　5．ベクトルとその性質　6．スカラー場とベクトル場　7．ベクトル場の積分定理　8．行列と行列式

大学初年級でマスターしたい 物理と工学の ベーシック数学

河辺哲次 著　Ａ５判／284頁／定価（本体2700円＋税）

　手を動かして修得できるよう具体的な計算に取り組む問題を豊富に盛り込んだ．
【主要目次】1．高等学校で学んだ数学の復習　−活用できるツールは何でも使おう−　2．ベクトル　−現象をデッサンするツール−　3．微分　−ローカルな変化をみる顕微鏡−　4．積分　−グローバルな情報をみる望遠鏡−　5．微分方程式　−数学モデルをつくるツール−　6．2階常微分方程式　−振動現象を表現するツール−　7．偏微分方程式　−時空現象を表現するツール−　8．行列　−情報を整理・分析するツール−9．ベクトル解析　−ベクトル場の現象を解析するツール−　10．フーリエ級数・フーリエ積分・フーリエ変換　−周期的な現象を分析するツール−

物理数学　［裳華房テキストシリーズ - 物理学］

松下 貢 著　Ａ５判／312頁／定価（本体3000円＋税）

　数学的な厳密性にはあまりこだわらず，直観的にかつわかりやすく解説した．とくに学生が躓きやすい点は丁寧に説明し，豊富な例題と問題，各章末の演習問題によって各自の理解の進み具合が確かめられる．
【主要目次】Ⅰ．常微分方程式（1階常微分方程式／定係数2階線形微分方程式／連立微分方程式）　Ⅱ．ベクトル解析（ベクトルの内積，外積，三重積／ベクトルの微分／ベクトル場）　Ⅲ．複素関数論（複素関数／正則関数／複素積分）　Ⅳ．フーリエ解析（フーリエ解析）